# IPA-IAO
# Forschung und Praxis

Band 171

Berichte aus dem
Fraunhofer-Institut für Produktionstechnik und Automatisierung (IPA), Stuttgart,
Fraunhofer-Institut für Arbeitswirtschaft und Organisation (IAO), Stuttgart,
Institut für Industrielle Fertigung und Fabrikbetrieb der Universität Stuttgart und
Institut für Arbeitswissenschaft und Technologiemanagement, Universität Stuttgart

Herausgeber: H. J. Warnecke und H.- J. Bullinger

Günther Würtz

# Montage von Pressverbindungen mit Industrierobotern

Mit 55 Abbildungen

Springer-Verlag
Berlin Heidelberg New York
London Paris Tokyo
Hong Kong Barcelona
Budapest 1992

Dipl.-Ing. Günther Würtz

Fraunhofer-Institut für Produktionstechnik und Automatisierung (IPA), Stuttgart

Prof. Dr.-Ing. Dr. h. c. Dr.-Ing. E. h. H. J. Warnecke

o. Professor an der Universität Stuttgart
Fraunhofer-Institut für Produktionstechnik und Automatisierung (IPA), Stuttgart

Prof. Dr.-Ing. habil. Dr. h. c. H.-J. Bullinger

o. Professor an der Universität Stuttgart
Fraunhofer-Institut für Arbeitswirtschaft und Organisation (IAO), Stuttgart

D 93

ISBN-13: 978-3-540-56300-6 e-ISBN-13: 978-3-642-47952-6
DOI: 10.1007/978-3-642-47952-6



Gesamtherstellung: Copydruck GmbH, Heimsheim
62/3020-6 5 4 3 2 1 0

## Geleitwort der Herausgeber

Futuristische Bilder werden heute entworfen:

o Roboter bauen Roboter,

o Breitbandinformationssysteme transferieren riesige Datenmengen in Sekunden um die ganze Welt.

Von der "menschenleeren Fabrik" wird da gesprochen und vom "papierlosen Büro". Wörtlich genommen muß man beides als Utopie bezeichnen, aber der Entwicklungstrend geht sicher zur "automatischen Fertigung" und zum "rechnerunterstützten Büro". Forschung bedarf der Perspektive, Forschung benötigt aber auch die Rückkopplung zur Praxis - insbesondere im Bereich der Produktionstechnik und der Arbeitswissenschaft.

Für eine Industriegesellschaft hat die Produktionstechnik eine Schlüsselstellung. Mechanisierung und Automatisierung haben es uns in den letzten Jahren erlaubt, die Produktivität unserer Wirtschaft ständig zu verbessern. In der Vergangenheit stand dabei die Leistungssteigerung einzelner Maschinen und Verfahren im Vordergrund. Heute wissen wir, daß wir das Zusammenspiel der verschiedenen Unternehmensbereiche stärker beachten müssen. In der Fertigung selbst konzipieren wir flexible Fertigungssysteme, die viele verkettete Einzelmaschinen beinhalten. Dort, wo es Produkt und Produktionsprogramm zulassen, denken wir intensiv über die Verknüpfung von Konstruktion, Arbeitsvorbereitung, Fertigung und Qualitätskontrolle nach. Rechnerunterstützte Informationssysteme helfen dabei und sollen zum CIM (Computer Integrated Manufacturing) führen und CAD (Computer Aided Design) und CAM (Computer Aided Manufacturing) vereinen. Auch die Büroarbeit wird neu durchdacht und mit Hilfe vernetzter Computersysteme teilweise automatisiert und mit den anderen Unternehmensfunktionen verbunden. Information ist zu einem Produktionsfaktor geworden, und die Art und Weise, wie man damit umgeht, wird mit über den Unternehmenserfolg entscheiden.

Der Erfolg in unseren Unternehmen hängt auch in der Zukunft entscheidend von den dort arbeitenden Menschen ab. Rationalisierung und Automatisierung müssen deshalb im Zusammenhang mit Fragen der Arbeitsgestaltung betrieben werden, unter Berücksichtigung der Bedürfnisse der Mitarbeiter und unter Beachtung der erforderlichen Qualifikationen. Investitionen in Maschinen und Anlagen müssen deshalb in der Produktion wie im Büro durch Investitionen in die Qualifikation der Mitarbeiter begleitet werden. Bereits im Planungsstadium müssen Technik, Organisation und Soziales integrativ betrachtet und mit gleichrangigen Gestaltungszielen belegt werden.

Von wissenschaftlicher Seite muß dieses Bemühen durch die Entwicklung von Methoden und Vorgehensweisen zur systematischen Analyse und Verbesserung des Systems Produktionsbetrieb einschließlich der erforderlichen Dienstleistungsfunktionen unterstützt werden. Die Ingenieure sind hier gefordert, in enger Zusammenarbeit mit anderen Disziplinen, z. B. der Informatik, der Wirtschaftswissenschaften und der Arbeitswissenschaft, Lösungen zu erarbeiten, die den veränderten Randbedingungen Rechnung tragen.

Beispielhaft sei hier an den großen Bereich der Informationsverarbeitung im Betrieb erinnert, der von der Angebotserstellung über Konstruktion und Arbeitsvorbereitung, bis hin zur Fertigungssteuerung und Qualitätskontrolle reicht. Beim Materialfluß geht es um die richtige Auswahl und den Einsatz von Fördermitteln sowie Anordnung und Ausstattung von Lagern. Große Aufmerksamkeit wird in nächster Zukunft auch der weiteren Automatisierung der Handhabung von Werkstücken und Werkzeugen sowie der Montage von Produkten geschenkt werden.

Von der Forschung muß in diesem Zusammenhang ein Beitrag zum Einsatz fortschrittlicher intelligenter Computersysteme erfolgen. Planungsprozesse müssen durch Softwaresysteme unterstützt und Arbeitsbedingungen wissenschaftlich analysiert und neu gestaltet werden.

Die von den Herausgebern geleiteten Institute, das

- Institut für Industrielle Fertigung und Fabrikbetrieb der Universität Stuttgart (IFF),

- Fraunhofer-Institut für Produktionstechnik und Automatisierung (IPA),

- Fraunhofer-Institut für Arbeitswirtschaft und Organisation (IAO)

arbeiten in grundlegender und angewandter Forschung intensiv an den oben aufgezeigten Entwicklungen mit. Die Ausstattung der Labors und die Qualifikation der Mitarbeiter haben bereits in der Vergangenheit zu Forschungsergebnissen geführt, die für die Praxis von großem Wert waren. Zur Umsetzung gewonnener Erkenntnisse wird die Schriftenreihe "IPA-IAO - Forschung und Praxis" herausgegeben. Der vorliegende Band setzt diese Reihe fort. Eine Übersicht über bisher erschienene Titel wird am Schluß dieses Buches gegeben.

Dem Verfasser sei für die geleistete Arbeit gedankt, dem Springer-Verlag für die Aufnahme dieser Schriftenreihe in seine Angebotspalette und der Druckerei für saubere und zügige Ausführung. Möge das Buch von der Fachwelt gut aufgenommen werden.

H. J. Warnecke · H.-J. Bullinger

## Vorwort

Die vorliegende Arbeit entstand während meiner Tätigkeit als wissenschaftlicher Mitarbeiter am Fraunhofer-Institut für Produktionstechnik und Automatisierung (IPA), Stuttgart.

Herrn Professor Dr.-Ing. Dr.h.c. mult. H.J. Warnecke danke ich für seine wohlwollende Unterstützung und Förderung der Arbeit.

Herrn Professor Dr.-Ing. K. Siegert danke ich für die Durchsicht der Arbeit und für die Übernahme des Mitberichts.

Herrn Professor Dr.-Ing. R.D. Schraft und Herrn Dr.-Ing. M. Schweizer danke ich für die anregenden Gespräche und die kritischen Diskussionen.

Aus dem Kreis der beteiligten Mitarbeiter und Studenten möchte ich Herrn I. Behne, Herrn J. Dobler, Herrn Th. Fränkel und Herrn D. Stöffler besonders erwähnen und Ihnen meinen Dank für Ihre Mitarbeit aussprechen.

Ganz besonders danke ich aber meiner Frau Michaela, ohne deren tatkräftige Unterstützung und Ihrer Bereitschaft auf häufige Entbehrungen diese Arbeit nicht gelungen wäre.

Stuttgart, im September 1992 Günther Würtz

INHALTSVERZEICHNIS

# 0 Formelzeichen und Abkürzungen

## Abkürzungen

| | |
|---|---|
| IR | Industrieroboter |
| TAM | Toleranzausgleichsmodul |
| MFD | Masse-Feder-Dämpfer-Modul |
| $x, y, z$ | Kartesische Koordinaten |
| $r, \psi, z$ | Zylinderkoordinaten |

## Großbuchstaben

| | | |
|---|---|---|
| $A$ | $mm^2$ | Fügefläche |
| $A_K$ | $mm^2$ | Kolbenfläche |
| $A_0$ | $mm^2$ | Stoßfläche zwischen Kolben und Stößel |
| $A_{MFD}$ | $mm^2$ | wirksame Fläche des MFD-Moduls |
| $\Delta B(z)$ | mm | Breite des äußeren Toleranzbandes |
| $D$ | - | Lehrsches Dämpfungsmaß |
| $D_{Ba}$ | mm | Außendurchmesser des Basisteils |
| $D_{Bi}$ | mm | Innendurchmesser des Basisteils |
| $D_F$ | mm | Durchmesser der Fügefläche |
| $D_{Fa}$ | mm | Außendurchmesser des Fügeteils |
| $D_{Fi}$ | mm | Innendurchmesser des Fügeteils |
| $E$ | $N/mm^2$ | Elastizitätsmodul |
| $F$ | N | Kraft |
| $F_a$ | N | Anpreßkraft |
| $F_e$ | N | Fügekraft (Einpreßkraft) |
| $F_{max}$ | N | maximale Stoßkraft |
| $F_E$ | N | Erregerkraft des Prozeßwerkzeugs |
| $F_F$ | N | Federkraft |
| $F_{IR}$ | N | Reaktionskraft auf den Industrieroboter |
| $F_{MFD}$ | N | Normalkraft im MFD-Modul |
| $F_N$ | N | Normalkraft |
| $F_R$ | N | Reaktionskraft |
| $G$ | mm | Glättung |
| $\overline{GA}$ | mm | Mittelwert des Ist-Grenzabmaßes |
| $M$ | Nm | Moment |
| $M_{fr}$ | Nm | Moment durch Reibkräfte |

| | | |
|---|---|---|
| $M_p$ | Nm | Moment durch Fugendruck |
| $M^*_{TAM}$ | Nm | Moment des TAM aufgrund Federauslenkung |
| $M^*TAM_{max}$ | Nm | maximal zulässiges Moment des TAM |
| N | - | Verhältnis der Federsteifigkeiten |
| O | - | Drehpunkt |
| $Q_A$ | - | Verhältnis von $D_F$ zu $D_{Ba}$ |
| $R_{zB}$ | mm | mittlere Rauhtiefe des Basisteils |
| $R_{zF}$ | mm | mittlere Rauhtiefe des Fügeteils |
| $\overline{R_z}$ | mm | Mittelwert der Rauhtiefe |
| $\overline{R}$ | mm | mittlere gemessene Rundheitsabweichung |
| $S_{TAM}$ | - | Schwerpunkt des TAM |
| U | mm | Übermaß zwischen Füge- und Basisteil |
| $U_g$ | mm | Größtübermaß zwischen Füge-/Basisteil |
| $U_k$ | mm | Kleinstübermaß zwischen Füge-/Basisteil |
| $V_0$ | $mm^3$ | rechnerisches Volumen des MFD-Moduls |
| V1 | $mm^3$ | Grundvolumen des MFD-Moduls |
| V2 | $mm^3$ | Ausgleichsvolumen des MFD-Moduls |
| $V_{MFD}$ | $mm^3$ | wirksames Volumen des MFD-Moduls |
| $V_T(\eta)$ | - | Amplitudenverhältnis (Übertragungsfkt.) |
| $\Delta V$ | $mm^3$ | Volumenänderung des MFD-Moduls |
| W | Nm | Arbeit, Fügeenergie |
| $W_i$ | Nm | Energie pro Schlag |
| Z | mm | wirksames Übermaß |

Kleinbuchstaben

| | | |
|---|---|---|
| a | - | Querschnittsverhältnis Stößel/Kolben |
| $a_E$ | $m/s^2$ | Beschleunigung am Prozeßwerkzeug |
| $a_{IR}$ | $m/s^2$ | Beschleunigung am Industrieroboter |
| $a_{MFD}$ | $m/s^2$ | Beschleunigung am MFD-Modul |
| $b_{F/B}$ | mm | Fasenbreite am Füge-/Basisteil |
| c | N/mm | Proportionalitätsfaktor der Fügekraft |
| $c_F$ | N/mm | Federkonstante einer Stahlfeder |
| $c_{MFD}$ | N/mm | Federsteifigkeit des MFD-Moduls |
| $d_{MFD}$ | mm | Durchmesser des MFD-Moduls |
| $f_r$ | $N/mm^2$ | flächenspezifische Reibkraft |
| $f_{0IR}$ | Hz | Eigenfrequenz des Industrieroboters |
| $f_E$ | Hz | Erregerfrequenz auf den IR |

| | | |
|---|---|---|
| $f_H$ | Hz | Frequenz des Pneumatikhammers |
| $f_{1,2}$ | - | untere/obere Begrenzungsfunktion |
| $g$ | 9,81 $m/s^2$ | Erdbeschleunigung |
| $h_{MFD}$ | mm | Höhe des MFD-Moduls |
| $k$ | $N/mm^3$ | Proportionalitätsfaktor des Fugendrucks |
| $k_{TAM}$ | Nmm/° | Angularsteifigkeit des TAM |
| $k^*_{TAM}$ | Nmm/° | Maximalangularsteifigkeit des TAM |
| $k'_{TAM}$ | Nmm/° | Mindestangularsteifigkeit des TAM |
| $l_{F/B}$ | mm | Fasenlänge am Füge-/Basisteil |
| $m_K$ | kg | Masse des Schlagkolbens |
| $m_S$ | kg | Masse von Schlagstößel und Fügeteil |
| $m_{TAM}$ | kg | Masse des TAM |
| $n$ | - | Polytropenexponent |
| $n_H$ | 1/min | Schlagzahl des Pneumatikhammers |
| $p$ | $N/mm^2$ | Fugendruck |
| $p_{ang}$ | $N/mm^2$ | Fugendruck durch Angularversatz |
| $p_{max}$ | $N/mm^2$ | maximal zulässiger Fugendruck |
| $p_{zyl}$ | $N/mm^2$ | zylindrischer Anteil des Fugendrucks |
| $p_H$ | bar | Betriebsdruck des Hammers |
| $p_{MFD}$ | bar | Betriebsdruck des MFD-Moduls |
| $r_{TAM}$ | mm | Kugelradius des TAM |
| $\Delta r$ | mm | Parallelverschiebung von $D_F$ |
| $s_F$ | mm | Federweg einer Stahlfeder |
| $s_K$ | mm | Beschleunigungsstrecke des Kolbens |
| $s_{MFD}$ | mm | Federweg des MFD-Moduls |
| $t$ | s | Zeit |
| $t_p$ | s | Prozeßdauer |
| $t_{Takt}$ | s | gewünschte Taktzeit |
| $v$ | m/s | Fügegeschwindigkeit |
| $v_0$ | m/s | Phasengeschwindigkeit von Längswellen |
| $v_{Kv/n}$ | m/s | Geschwindigkeit des Kolbens vor/nach dem Stoß |
| $v_{Sv/n}$ | m/s | Geschwindigkeit von Stößel und Fügeteil vor/nach dem Stoß |
| $x_{TAM}$ | mm | Abstand des Schwerpunkts des TAM vom Federangriffspunkt |
| $z$ | mm | Fügeweg (Fügetiefe) |
| $z_e$ | mm | Länge der Fügefläche (Einpreßweg) |

| | | |
|---|---|---|
| $z_{i,j}$ | mm | Weg des Fügeteils nach dem i-ten/j-ten Schlag |
| $z_{max}$ | mm | maximal zulässiger Einpreßweg |
| $z_A$ | mm | Anlaufweg |
| $z_B$ | mm | Bremsweg |
| $\Delta z$ | mm | Weg pro Schlag des Fügeteils |
| $\Delta z_{i,j}$ | mm | Weg pro Schlag nach dem i-ten/j-ten Schlag |
| $\Delta z_{Ist}$ | mm | Ist-Weg pro Schlag-Verlauf |
| $\Delta z_{Soll}$ | mm | Soll-Weg pro Schlag-Verlauf |
| $\dot{\Delta z}(z)$ | - | 1. Ableitung von $\Delta z$ nach z |

<u>Griechische Buchstaben</u>

| | | |
|---|---|---|
| $\alpha_{F/B}$ | ° | Fasenwinkel am Füge-/Basisteil |
| $\gamma$ | ° | Raumwinkel des Basisteils |
| $\delta$ | mm | Achsversatz (Lateralfehler) zwischen Füge- und Basisteil |
| $\delta_{max}$ | mm | maximal zulässiger Lateralfehler |
| $\varepsilon$ | - | Stoßziffer |
| $\varphi$ | ° | Kippwinkel (Angularversatz) zwischen Fügeteil- und Basisteilachse |
| $\varphi_{TAM}$ | ° | Winkelversatz durch Nachgiebigkeit des TAM |
| $\varphi_{max}$ | ° | maximal zulässiger Angularversatz |
| $\varphi_{Soll}$ | ° | minimal möglicher Angularversatz |
| $\varphi_{Ist}$ | ° | tatsächlich vorliegender Angularversatz |
| $\eta_H$ | - | Wirkungsgrad des Pneumatikhammers |
| $\eta$ | - | Verhältnis von $\omega_E$ zu $\omega_0$ |
| $\mu$ | - | Gleitreibungskoeffizient (Reibwert) |
| $\upsilon$ | - | Haftbeiwert beim Einpressen |
| $\rho$ | ° | Reibungswinkel |
| $\omega_0$ | 1/s | Eigenkreisfrequenz |
| $\omega_E$ | 1/s | Erregerkreisfrequenz |
| $\sigma_{rF/B}$ | $N/mm^2$ | Radialspannung im Füge-/Basisteil |
| $\sigma_{tF/B}$ | $N/mm^2$ | Tangentialspannung im Füge-/Basisteil |
| $\sigma_B$ | $N/mm^2$ | Zugfestigkeit des Füge-/Basisteils |
| $\tau_{max}$ | $N/mm^2$ | maximal zulässige Schubspannung |

# 1 Einleitung

## 1.1 Problemstellung

Steigender Wettbewerbsdruck bei sinkenden Losgrößen sowie gleichzeitig zunehmender Typen- und Variantenvielfalt haben in den vergangenen Jahren in vielen Bereichen zum Einsatz von Industrierobotersystemen geführt. Der Montage wurde dabei in den letzten Jahren das größte Rationalisierungspotential durch Automatisierung in der Fertigungstechnik vorausgesagt /1/, was sich durch ein überproportionales Wachstum der Industrierobotereinsätze in diesem Bereich in den letzten Jahren als richtig erwiesen hat /2/.

Eine Basistechnologie innerhalb des Montageprozesses ist das Fügen, welches entscheidend von der Art der Verbindungstechnik zwischen den Fügepartnern bestimmt wird. Die Verbindung durch Einpressen /3/ gehört mit zu den wichtigsten Verbindungstechniken - sie wird nach dem Schrauben am häufigsten eingesetzt (Bild 1.1).
In der Literatur /4/ wird das Einpressen als die automatisierungsfreundlichste aller Verbindungstechniken dargestellt, jedoch blieb ihr Einsatz bisher auf den Bereich der starren Automatisierung beschränkt /5, 6, 7, 8, 9/. Dies liegt neben einer unzureichenden Kenntnis der Prozeßparameter, deren Untersuchung sich bisher im wesentlichen auf die Betrachtung des bereits gefügten Zustands zur Beurteilung von Qualitätsparametern wie Haltekraft, übertragbarem Drehmoment und ähnlichem beschränkte /10, 11/, vor allem an den folgenden wesentlichen Problemstellungen:

- der Erzeugung und Abstützung der fügeprozeßspezifischen hohen Fügekräfte und -momente in Verbindung mit dem Einsatz von hochflexiblen Handhabungsgeräten,
- dem Ausgleich von Positioniertoleranzen bei Übermaß durch Lateral- und Angularfehler zwischen den Fügepartnern,

- dem bestehenden Flexibilitätsengpaß verfügbarer Fügewerkzeuge in bezug auf
  * Fügen in beliebigen Positionen im Raum
  * Fügen in beliebigen Fügerichtungen
  * Fügen unterschiedlicher Fügeteiltypen und -varianten.

Bei der Automatisierung des Einpressens mit Industrierobotern herrscht demzufolge ein Mangel an Kenntnissen über die hier bestehenden montagetechnischen Einsatzhemmnisse und über Lösungsansätze zu deren Beseitigung.

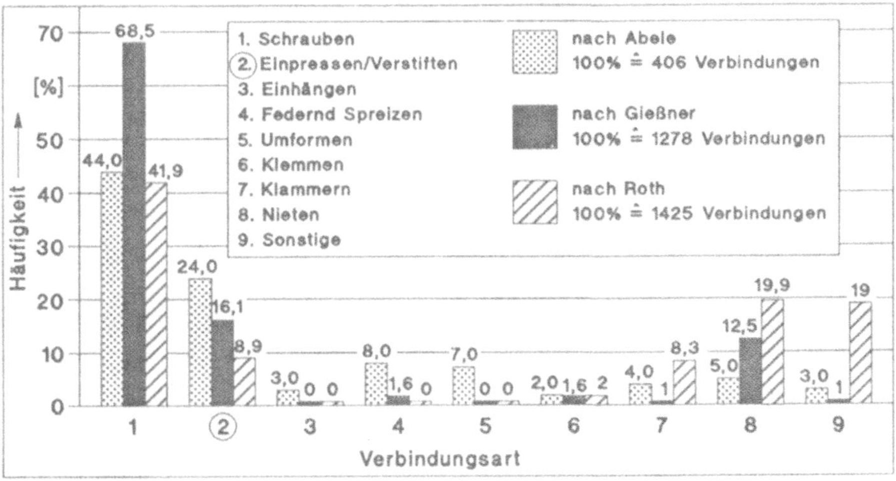


<u>Bild 1.1:</u> Häufigkeit von Verbindungen im Maschinenbau, Fahrzeugbau und bei feinwerktechnischen Geräten nach Gießner, Roth, Abele /1, 4/

## 1.2 Zielsetzung und Vorgehensweise

Es sollen in dieser Arbeit zunächst die speziellen Problemstellungen betrachtet werden, die beim Einsatz von Industrierobotern für ein flexibel automatisiertes Einpressen auftreten.
Ausgehend von einer Erfassung des Istzustands bestehender Einpreßvorgänge und der Analyse des Einpreßprozesses sollen die folgenden Arbeitsschritte durchgeführt werden:

- Ermittlung der relevanten Einflußparameter auf den Fügevorgang
- Erstellung von Anforderungsprofilen zur Konzeption und Entwicklung von Funktionsmodulen und Verfahren für
  * die Erzeugung und Abstützung der erforderlichen Fügekräfte und -momente
  * den Ausgleich von Positioniertoleranzen zwischen Fügeteil und Basisteil
  * das Fügen unterschiedlicher Typen und Varianten von Fügeteilen bei minimaler Taktzeit und minimalem Investitionsaufwand
- Entwicklung von Vorgehensweisen zur Dimensionierung und Umsetzung der entwickelten Funktionsmodule
- Ermittlung der Einsatzparameter und Anwendungsbereiche der entwickelten Funktionsmodule anhand von Pilotmontagestationen
- Integration aller Einzelmodule und Verfahren in einem Gesamtsystem
- Überprüfung der Einsatzmöglichkeiten des entwickelten Systems anhand von typischen Montagevorgängen.

Ziel der Arbeit ist die Entwicklung und Realisierung einer Pilotmontagezelle mit Industrieroboter, welche die Montage von Preßverbindungen mit Hilfe eigens entwickelter Werkzeuge und Verfahren bei hoher Typen- und Variantenflexibilität ermöglicht.

Aus Gründen der Übersichtlichkeit wird innerhalb der vorliegenden Arbeit auf eine ausführliche Herleitung der verwendeten mathematischen Beziehungen verzichtet; diese sind für die jeweiligen Teilkapitel im Anhang separat beigefügt.

# 2 Stand der Technik

## 2.1 Definitionen

Die für das Einpressen maßgeblichen Begriffe und Definitionen sind in /12, 13, 14/ hinreichend erklärt. Danach läßt sich ein Preßverband folgendermaßen definieren (Bild 2.1):

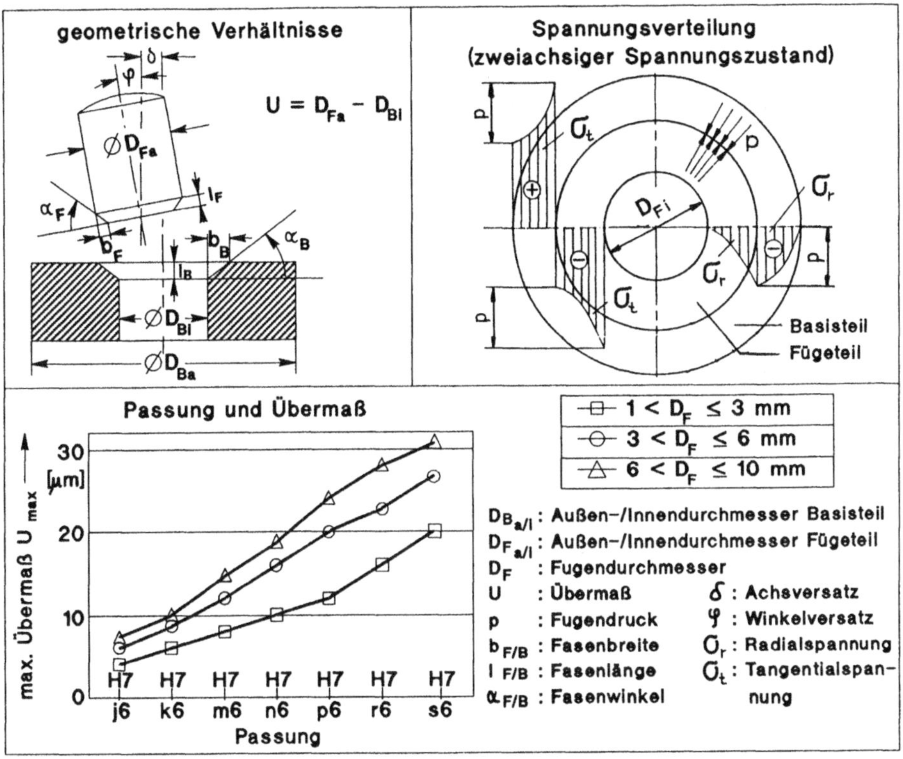


Bild 2.1: Verhältnisse am Preßverband

"Ein Preßverband ist eine reibschlüssige Welle-Nabe-Verbindung mit einem zylindrischen Wirkflächenpaar (Fügeflächen), das im gefügten Zustand als Fuge bezeichnet wird. Vor dem Fügen weist die Fügefläche des Außenteils (Nabe) einen geringfügig kleineren Durchmesser auf als die Fügefläche des Innenteils (Welle) - das Übermaß. Durch das Fügen werden infolge der damit verbundenen Verformungen im Außen- und Innenteil Spannungen hervorgerufen.

In der Fuge wirkt eine radial gerichtete Druckspannung. Mit Hilfe dieser als Fugendruck bezeichneten Druckspannung können durch Reibschluß über die Fuge hinweg Umfangs- und/oder Axialkräfte übertragen werden.
Nach der Art des Fügevorgangs werden Längs- und Querpreßverbände unterschieden. Bei einem Längspreßverband wird das Außenteil axial auf das Innenteil aufgepreßt. Querpreßverbände werden thermisch durch Erwärmen des Außenteils und/oder Unterkühlen des Innenteils gefügt."
In Anlehnung an /3/ wird unter Fügen durch Einpressen die Herstellung von Längspreßverbänden verstanden, auf deren Behandlung sich die vorliegende Arbeit bezieht.

## 2.2 Einsatzbereiche von Einpreßvorrichtungen

Preßverbände werden heute vorwiegend durch Werkzeuge und Vorrichtungen realisiert, bei denen die erforderliche Fügekraft das wesentliche Kriterium für deren Auswahl darstellt. Die Bandbreite der verwendeten Werkzeuge und Hilfsmittel reicht dabei vom einfachen Handhammer über die mechanisch betätigte Kniehebelpresse bis hin zur programmierbaren Pneumatik- oder Hydraulikpresse.
Die Anforderungen an Einpreßsysteme hinsichtlich der informationsflußtechnischen Einbindung in eine rechnergesteuerte Fertigung werden durch die Entwicklung von Prozeßüberwachungs- und -dokumentationssystemen berücksichtigt /15, 16, 17, 18, 19/.
Neben dieser großen Anzahl mechanisierter Stationen existieren derzeit vereinzelt Ansätze, die Flexibilität von Preßsystemen z.B. durch schnellwechselbare Vorrichtungen, mechanisierte Teilebereitstellung u.ä. zu erhöhen /20, 21, 22, 23, 24/.
Diese Anlagen sind in Abhängigkeit ihrer Takt- und Rüstzeiten bei geringen Rüsthäufigkeiten (in der Regel im Tages- oder Wochenrhythmus) wirtschaftlich einsetzbar. Bei großer Typen- und Variantenzahl, geringen Losgrößen (d.h. häufigem Umrüsten), unterschiedlichen Fügerichtungen und unterschiedlichen Fügeorten sind jedoch nur noch flexible, ohne mechanische Änderung auf Softwarebasis schnell umrüstbare Systeme wie z.B. Industrieroboter-Zellen wirtschaftlich sinnvoll einsetzbar.

## 2.3 Automatisiertes Einpressen mit Industrieroboter

Die Zahl der zum Einpressen eingesetzten Roboter ist im Gegensatz zur Häufigkeit des Montagevorgangs "Einpressen" gering. Neben einer Reihe von Forschungsarbeiten /27, 30, 31/ sind einige Pilotsysteme unterschiedlicher Anwender in der Literatur bekannt geworden /25, 26, 28, 29, 32, 33/, welche einander in Bild 2.1 vergleichend gegenüber gestellt sind. Dabei lassen sich zwei Schwerpunkte bezüglich der flexiblen Automatisierung erkennen:

- Systeme, die eine Typenflexibilität beim Einpreßvorgang ermöglichen.
  Diese Systeme beinhalten in der Regel ein Fügewerkzeug mit programmierbarer Fügekraft und ein System zur Prozeßüberwachung und -dokumentation zur Erfassung der wichtigsten Prozeßparameter (meist Fügekraft, Fügeweg, Fügegeschwindigkeit). Nebenfunktionen wie Zuführung und Handhabung der Fügepartner sind dabei nur teilweise automatisiert /25, 27, 30/.

- Systeme, die eine erhöhte Flexibilität des Einpreßvorgangs bezüglich unterschiedlicher Raumorientierungen und unterschiedlicher Fügerichtungen ermöglichen.
  Diese Systeme beinhalten in der Regel zur Realisierung dieser Flexibilität ein Handhabungsgerät, das mit einem entsprechenden Prozeßwerkzeug versehen ist, welches die erforderlichen Fügekräfte erzeugen kann. Bei diesen Fügekräften handelt es sich entweder um quasistatische oder dynamische Kräfte (Stoßkräfte) /26, 31, 32/; die Funktion des Ausgleichs von Positioniertoleranzen wird teilweise bei /31/ berücksichtigt.

Die existierenden Systeme behandeln demzufolge nur Teillösungen eines flexiblen Einpreßsystems; eine Integration zur Erzielung einer optimalen Gesamtlösung für die automatische Montage von Preßverbindungen ist bislang nicht erfolgt.

| Klassifizierungsmerkmale | Anwender | Deutsche Vergasergesellschaft | Andreas Stihl | Uni-Cardan | Adam Opel AG | Institut für Werkzeugmaschinen | Sony Corp. | Yamaha Corp. | Institut für Werkzeugmaschinen | TH Chemnitz | General Motors |
|---|---|---|---|---|---|---|---|---|---|---|---|
| Produktbezeichnung | Basisteil | Stutzengehäuse | Kurbelgehäuse | Profilwelle | Ausgleichsgetriebe | Welle | k.A. | k.A. | Gehäuse | Gehäuse | Lagerdeckel |
| | Fügeteil | Nadellager | Stifte, Lager | Kugelnabe | Schrägrollenlager | Nabe | k.A. | Bolzen | Zylinderstifte | Zylinderstifte | Zylinderstifte |
| mögliche Fügerichtungen | horizontal | ● | | ● | | ● | | | ● | | ● |
| | vertikal | | ● | | ● | ● | ● | ● | | ● | ● |
| | raumschräg | | | | | | | | | | ● |
| Anzahl möglicher Fügeorte | >1 | ● | ● | | | ● | ● | ● | | ● | ● |
| Anzahl Fügeteilvarianten | 1 | ● | ● | | ● | | ● | ● | | ● | ● |
| | <10 | | | ● | | ● | | | ● | | |
| | >10 | | | | | | | | | | |
| Anzahl Basisteilvarianten | 1 | | ● | ● | ● | | | | | | |
| | <10 | | | | | ● | ● | | | | ● |
| | >10 | ● | | | | | | ● | ● | ● | |
| Anzahl Fügeteiltypen | >1 | | ● | | | ● | | | | | |
| Anzahl Basisteiltypen | >1 | | | | | ● | ● | k.A. | ● | ● | |
| Industrieroboterfunktionen | handhaben | | ● | ● | ● | ● | | ● | | ● | ● |
| | positionieren | | ● | | ● | | | ● | | ● | ● |
| | fügen | | | | | | | ● | | ● | ● |
| Höhe der Fügekraft (quasistatisch) | 100–1000 N | ● | | | | | | ● | | ● | |
| | 1000–5000 N | | ● | | | | ● | | ● | | ● |
| | >5000 N | | | ● | ● | ● | | | | | |
| Fügekraft variabel | ja | ● | | | | ● | ● | | | | |
| Antriebsart Fügewerkzeug | kontinuierl. | ● | ● | ● | ● | ● | ● | | | | |
| | schlagend | | | | | | | ● | ● | ● | ● |
| Funktionsträger der Fügekraft | | Werkzeugmaschine | Presse | Presse | Presse | Presse | Presse | Nagelschußapparat | Pneumatikhammer | Pneumatikhammer | Pneumatikhammer |
| Prozeßüberwachung | ja | ● | ● | ● | ● | ● | | | | | |
| Toleranzausgleichsmethode | aktiv | | k.A. | | | ● | k.A. | k.A. | k.A. | | k.A. |
| | passiv | ● | | ● | ● | | | | | ● | |
| Anzahl installierter Systeme | 1 | ● | ● | k.A. | ● | ● | k.A. | k.A. | ● | ● | ● |
| Einsatzfähigkeit | Pilotanlage | | | | | ● | | | ● | ● | ● |
| | Fertigung | ● | ● | ● | ● | | ● | ● | | | |

k.A.: keine Angabe

Bild 2.2: Einsatzbeispiele automatisierter Einpreßsysteme

## 3 Analyse industrieller Einpreßvorgänge

Zur Ermittlung der wichtigsten Daten bei der Realisierung von Preßverbänden wurden in dieser Arbeit anhand einer Umfrage 65 Firmen aus 5 unterschiedlichen Branchen (Maschinenbau, Fahrzeugbau, Elektrotechnik, Feinwerktechnik/Optik/Uhren, Büromaschinen/EDV-Geräte) mit unterschiedlich komplexen Produkten (bis 30 Teile pro Produkt, 30 bis 500 Teile pro Produkt, mehr als 500 Teile pro Produkt) mit Hilfe von Erhebungsinstrumentarien in Anlehnung an /33/ befragt. Im einzelnen wurden hierbei drei Schwerpunkte betrachtet:

- Produktdaten (Spektrum an Füge- und Basisteilen)
- Prodzeßdaten (Montageaufgaben)
- Randbedingungen.

### 3.1 Analyse der Werkstückeigenschaften

Wie in Bild 3.1 gezeigt, werden Preßverbindungen vorwiegend bei rotationssymmetrischen Lagern und Stiften angewendet.

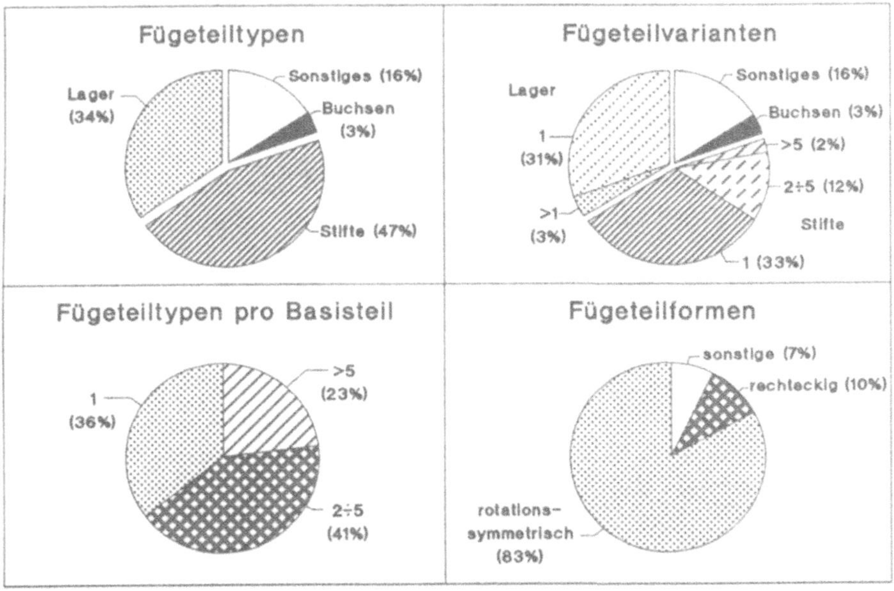


**Bild 3.1:** Prozentuale Häufigkeit unterschiedlicher Einpreßteile (Datenbasis: 88 Preßverbindungen)

Dabei werden in 77 % der untersuchten Verbindungen bis zu 5 verschiedene Typen von Fügeteilen in dasselbe Basisteil eingepreßt. Unter den Aspekten der flexiblen Montageautomatisierung ergibt sich damit die Forderung nach Werkzeugen, die in der Lage sind, ohne mechanische Umrüstung verschiedene Werkstücke zu verarbeiten.

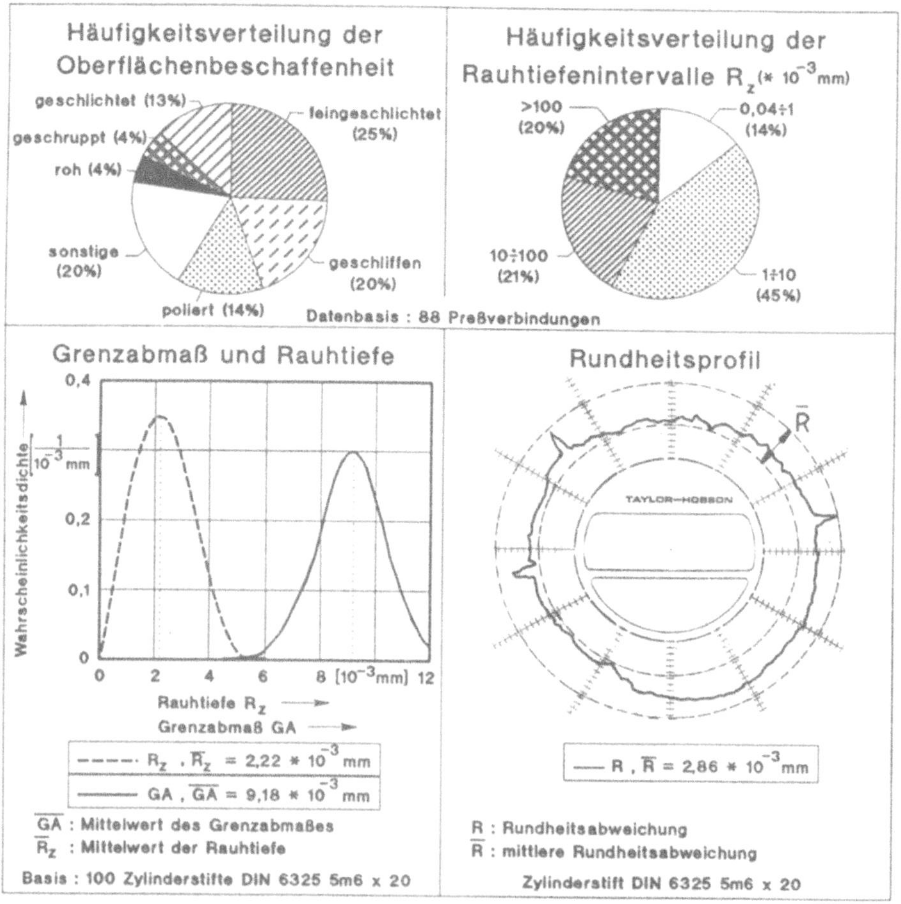


<u>Bild 3.2:</u> Fertigungstoleranzen bei Einpreßteilen

Einen starken Einfluß auf die Ermittlung der Fügekraft und damit die Dimensionierung des gesamten Einpreßsystems haben die Fertigungstoleranzen der Einpreßteile. Bild 3.2 zeigt Analysenergebnisse ausgewählter Werkstückeigenschaften. Die Anpassung an daraus resultierende Veränderungen von Prozeßgrößen während des Einpreßvorgangs ist bei der Konzeption eines Einpreßsystems als wesentliche Forderung mit zu berücksichtigen.

## 3.2 Analyse des Einpreßprozesses

Bei der Analyse der Prozeßdaten wurden im Rahmen dieser Arbeit folgende wesentliche Parameter untersucht (Bild 3.3):

- die Fügekraft
- die Fügerichtung
- der Fügeweg
- der Toleranzausgleich.

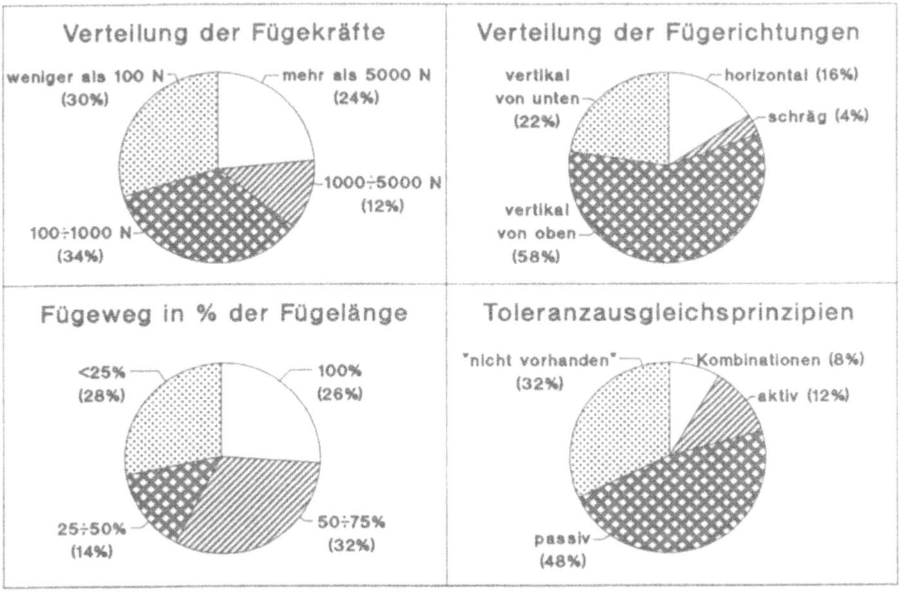


Bild 3.3: Prozentuale Häufigkeit unterschiedlicher Prozeßparameter beim Einpressen (Datenbasis: 88 Preßverbindungen)

Diese Parameter bestimmen maßgeblich die Auslegung des Einpreßsystems. Eine nähere Betrachtung der Fügevorgänge zeigt, daß häufig keine "echte" vertikale oder horizontale Fügerichtung vorliegt, sondern diese aus Mangel an dreidimensionalen Fügesystemen "künstlich" mit oft nicht unerheblichem Aufwand an Betriebsmitteln (z.B. durch entsprechend geneigte Vorrichtungen) erzeugt werden muß. Der Ausgleich von Positioniertoleranzen zwischen den Fügepartnern wird entweder "passiv" (d.h. durch definierte Nachgiebigkeiten im System) oder "aktiv" (d.h. durch geregelte Ausgleichsbewegungen der Fügepartner) realisiert; dabei bedeutet ein "nicht vorhandener" Toleranzausgleich meist eine undefinierte (passive) Nachgiebigkeit eines Systemelements, welche oft bewußt nicht wahrgenommen wird. Für die Entwicklung eines Einpreßsystems hat dies zur Folge, daß Positioniertoleranzen zwischen den Fügepartnern kompensiert werden müssen.

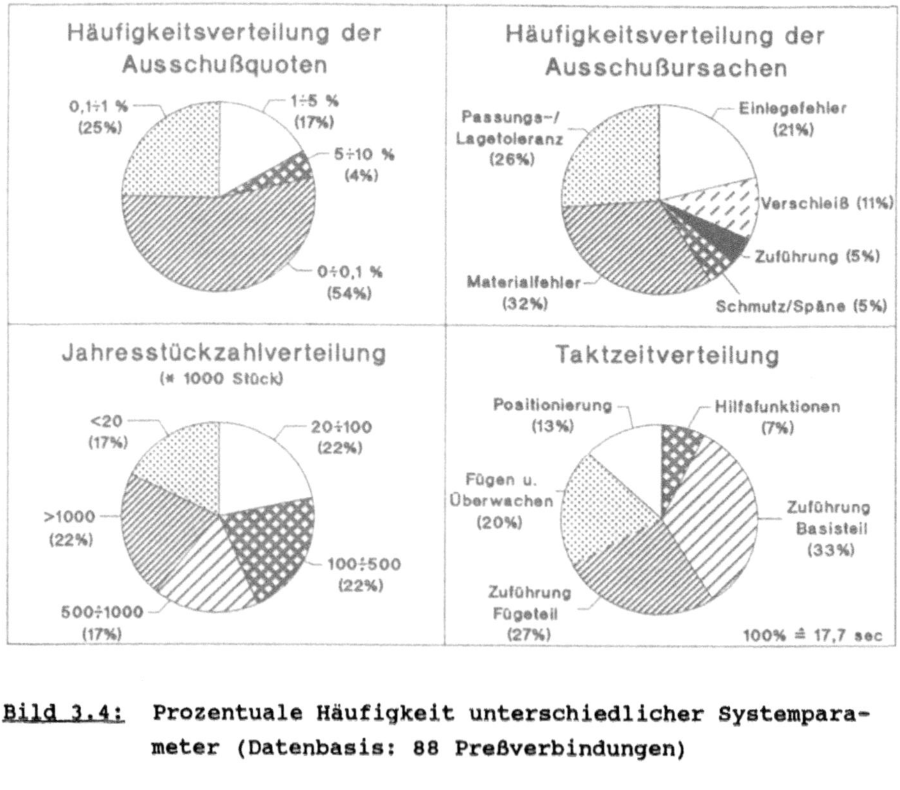


**Bild 3.4:** Prozentuale Häufigkeit unterschiedlicher Systemparameter (Datenbasis: 88 Preßverbindungen)

Zur Dimensionierung einer Montagezelle zum Einpressen ist die geforderte Ausbringung des Systems ein wesentliches Kriterium, insbesondere auch hinsichtlich der Beurteilung der Wirtschaftlichkeit. Beeinflussende Parameter sind hierbei vor allem die geforderte Stückzahl und die zu erwartende Verfügbarkeit des Systems. Die Systemleistung muß durch eine möglichst geringe Taktzeit erhöht werden, die bei den bestehenden Systemen nicht durch die eigentliche Prozeßzeit, sondern insbesondere durch Nebenzeiten für Teilebereitstellung und -handhabung bestimmt wird (Bild 3.4).

## 3.3 Automatisierungshemmnisse

Für den Einsatz von Industrierobotern beim Einpressen lassen sich aus der Analyse folgende wesentliche Automatisierungshemmnisse ableiten:

- fügeprozeßbezogen
  * Abstützen von Fügereaktionskräften, die das Handhabungsgewicht des Industrieroboters um ein Vielfaches überschreiten
  * unzureichende Kenntnis der Prozeßparameter beim eigentlichen Einpreßvorgang (Fügegeschwindigkeit, Reibverhältnisse)
  * unzureichende Reproduzierbarkeit des Einpreßvorgangs aufgrund schwankender Prozeßparameter (Werkstücktoleranzen)
  * keine getrennte Überwachung von Fügevorgang und Fügeergebnis möglich

- werkstückbezogen
  * Auftreten von Werkstücktoleranzen (Durchmesser, Rauheit, Form), welche entscheidenden Einfluß auf die Verbindungsqualität nehmen
  * Fügen unterschiedlicher Fügeteilvarianten an einem Basisteil
  * Fügen unterschiedlicher Fügeteiltypen mit einer Montageanlage

- werkzeugbezogen
  * Bereitstellung und Handhabung unterschiedlicher Varianten und Typen von Füge- und Basisteilen

* prozeßunflexible, nicht handhabbare Werkzeuge zur Fügekrafterzeugung und zur Prozeßüberwachung
* hoher Taktzeitanteil durch Trennung von Werkstückaufnahme und Fügewerkzeug (z.B. Wechselvorrichtung für unterschiedliche Fügeteile).

Die so ermittelten Automatisierungshemmnisse sind die Basis für die zielgerichtete Entwicklung von Lösungskonzepten, die eine flexible Automatisierung des Einpressens ermöglichen.

## 3.4 Ableitung von Entwicklungsschwerpunkten für das flexibel automatisierte Einpressen

Mit den so gewonnenen Analyseergebnissen lassen sich die in der Zielsetzung für diese Arbeit formulierten Arbeitsschritte wie folgt spezifizieren:

- Erarbeiten eines Anforderungsprofils für das Gesamtsystem und dessen Teilkomponenten
- Erarbeiten von Konzepten zur Erzeugung hoher Fügekräfte in Verbindung mit flexiblen Handhabungsgeräten zur Realisierung von Preßverbänden in unterschiedlichen Raumpunkten
- Erarbeiten von Konzepten für das Einpressen unterschiedlicher Fügeteiltypen und -varianten bei minimaler Taktzeit
- Untersuchen der auf den Montageprozeß einwirkenden Einflußparameter zur Erzeugung reproduzierbarer Fügeergebnisse
- Erarbeiten von Fügestrategien zur Reduzierung von Taktzeit und Ausschuß
- Entwickeln von Verfahren zur Prozeßüberwachung als Kontrolle des Fügeergebnisses und zur Qualitätssicherung
- Entwickeln von Methoden zum Toleranzausgleich bei Fügepartnern mit Übermaß
- Entwickeln von robotergeführten Werkzeugen zur Krafterzeugung und -abstützung und zum Toleranzausgleich
- Konzipieren, Entwickeln und Erproben eines flexibel automatisierten Einpreßsystems mit Industrieroboter.

## 3.5 Anforderungen an ein flexibel automatisiertes Einpreßsystem

### 3.5.1 Teilfunktionen und Teilsysteme des Einpreßsystems

In Anlehnung an /34/ wird definiert:
"Eine flexibel automatisierte Montagezelle zum Einpressen besteht aus einem oder mehreren Industrierobotern, die mit anwendungsspezifischen Komponenten wie Bereitstellungseinrichtungen, Werkzeugen und Sensoren versehen sind, die zur automatischen Montage von Teilen mit Übermaß erforderlich sind."

Die funktionalen Anforderungen, die an eine solche Einpreßzelle gestellt werden, lassen sich in die nachfolgenden Funktionsbereiche der Montage gliedern:

- Handhaben der Füge- und Basisteile
  * Bereitstellen und Zuführen
  * Greifen und Halten
  * Orientieren und Positionieren
- Fügen der Fügeteile
  * Erzeugen und Abstützen der Fügekräfte und -momente
  * Kompensieren der auftretenden Positionierungenauigkeiten
- Kontrollieren des Fügeprozesses
  * Überwachen des Montagevorgangs
  * Prüfen des Fügeergebnisses
  * Dokumentieren der Prozeßdaten
- Unterstützen des Fügeprozesses (Hilfsfunktionen)
  * Reinigen der Füge- und Basisteile
  * Aufbringen von Schmierstoffen.

Hilfsfunktionen wie Reinigen oder Schmierstoffauftrag werden hier ebenso wie das Handhaben der Füge- und Basisteile nicht näher behandelt, da sie keine spezifische Problemstellung beim Einpressen darstellen und somit hierbei auf bereits bestehende Lösungen zurückgegriffen werden kann.

Ordnet man nun diesen Teilfunktionen Teilsysteme zu, so läßt sich eine Montagezelle zum Einpressen in folgende Teilsysteme untergliedern:

- Bereitstelleinrichtungen für Füge- und Basisteil
- Handhabungssysteme (bestehend aus Greifer, Sensoren, Industrieroboter)
- Fügesysteme (bestehend aus Fügehilfseinrichtungen, Greifer, Industrieroboter, Sensoren, Systeme zum Toleranzausgleich)
- Kontrollsysteme (Meßdatenverarbeitung, Speichermodule).

### 3.5.2 Anforderungen an das Gesamtsystem

Aus der Analyse werden Grundanforderungen abgeleitet, welche für alle am Montageprozeß beteiligten Teilsysteme verbindlich sind. In Bild 3.5 sind die für eine automatisierte Montagezelle zum Einpressen wesentlichen Anforderungen zusammengestellt.

**Anforderungen an das Gesamtsystem**

- Produktionsleistung 20.000 ÷ 500.000 Stück pro Jahr
- Taktzeit pro Fügeoperation $\leq$ 20 s
- Montage von mindestens 3 Fügeteiltypen
- Montage von mindestens 5 Fügeteilvarianten
- Umrüstflexibilität bei Variantenfertigung ohne manuellen Eingriff
- geringer Anteil variantenabhängiger Teilsysteme
- systemintegrierte Überwachung des Montagevorganges
- geringstmögliche Einschränkung der Verwendbarkeit für unterschiedliche Fügefälle
- Fügen in unterschiedlichen Raumorientierungen
- material- und informationsflußtechnische Integration in ein übergeordnetes System möglich
- hohe Verfügbarkeit
- geringer Platzbedarf

Bild 3.5: Anforderungen an das Gesamtsystem

### 3.5.3 Anforderungen an die Teilsysteme

#### 3.5.3.1 Anforderungen an das Fügesystem

Das Handhabungs- und Fügesystem ist für die Verknüpfung von Komponentenflexibilität (Industrieroboter, Werkzeuge) und Prozeßkrafterzeugung maßgeblich bestimmend. Die wichtigsten Anforderungen an dieses Teilsystem sind in Bild 3.6 formuliert.

**Anforderungen an das Fügesystem**

- frei programmierbare Erzeugung von Fügekräften (mindestens 5000 N)
- Abstützen hoher statischer und dynamischer Reaktionskräfte
- frei programmierbare Erzeugung von Fügewegen
- schwerkraftunabhängiges Fügen
- geringstmögliche Prozeßzeit ($\leq$ 3 s)
- modularer Aufbau für typen- und variantenflexibles Fügen
- geringes Gewicht der Fügehilfseinrichtungen
- geringe Baugröße, kompakte Bauweise

Bild 3.6: Anforderungen an das Fügesystem

#### 3.5.3.2 Anforderungen an Systeme zum Toleranzausgleich

Der Ausgleich von Positionierfehlern stellt beim Fügen mit Übermaß eine besondere Problematik dar, insbesondere in Verbindung mit der Forderung nach der Übertragung hoher Kräfte. Die Größenordnung der dabei zu kompensierenden Toleranzen und die insgesamt daraus resultierenden Anforderungen an das Toleranzausgleichssystem sind in Bild 3.7 dargestellt.

## Anforderungen an Systeme zum Toleranzausgleich

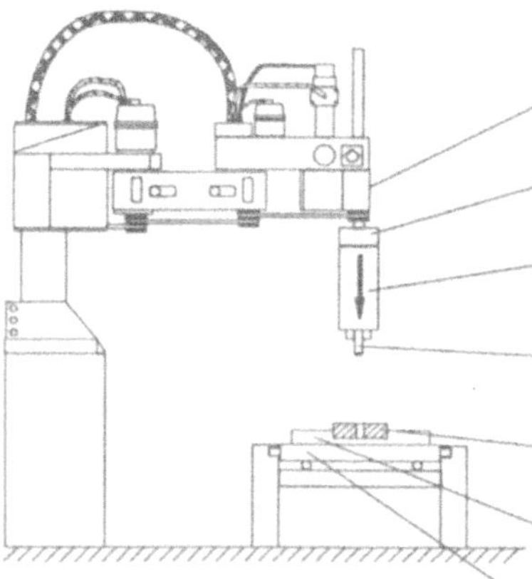

Toleranzkette beim Einpressen mit Industrieroboter

| Toleranzursachen | Lateralfehler [mm] | Angularfehler [°] |
|---|---|---|
| Positioniergenauigkeit des Industrieroboters | 0,5 | - |
| Toleranzen im Greiferwechselsystem | 0,1 | 0,3 |
| Toleranzen des Prozeßwerkzeugs | 1,0 | 1,0 |
| Toleranzen in der Stiftaufnahme | 0,2 | 0,2 |
| Lagetoleranz der Bohrung | 0,1 | 2,0 |
| Toleranz der Werkstückaufnahme | 0,3 | 0,5 |
| Toleranz der Vereinzelungsvorrichtung | 0,1 | 0,5 |
| Gesamttoleranz (mögliche Abweichung) | 0 1 [mm] 2 | 0 1 2 [°] 4 |

- Ausgleich von Lateraltoleranzen von ± 2 mm
- Ausgleich von Axialtoleranzen von 1 ÷ 2 mm
- Ausgleich von Angulartoleranzen von ± 5°
- hohe axiale Steifigkeit zur Übertragung der Füge- bzw. Reaktionskräfte
- hohe Nachgiebigkeit in Richtung der Positioniertoleranzen
- kurze Toleranzausgleichszeit

**Bild 3.7:** **Anforderungen an Systeme zum Toleranzausgleich**

### 3.5.3.3 Anforderungen an Systeme zur Prozeßüberwachung

Da beim Einpressen die Überwachung der Qualität des Fügevorgangs einerseits und des Fügeergebnisses andererseits ohne eine Zerstörung der Fügepartner nicht voneinander zu trennen ist, kommen der Prozeßüberwachung und -steuerung eine besondere Bedeutung zu. Die grundsätzlichen Anforderungen an dieses Teilsystem sind in Bild 3.8 formuliert.

**Anforderungen an Systeme zur Prozeßüberwachung**

- Einhaltung des vorgegebenen Fügewegs auf ± 0.1 mm Genauigkeit
- Einhaltung der erforderlichen Fügekraft bzw. Fügeenergie mit ± 10% Genauigkeit
- Unterscheidung und Klassifizierung von Gut- und Versagensfällen
- Realisierung unterschiedlicher Überwachungsstrategien während des Prozesses
- Realisierung von Störfallstrategien
- schnelle Regelung des Prozesses (Echtzeitfähigkeit)
- Möglichkeit der Prozeßdokumentation

Bild 3.8: Anforderungen an Systeme zur Prozeßüberwachung

# 4. Analyse des Fügeprozesses

## 4.1 Phasenmodell des Fügeprozesses "Einpressen"

Der Fügevorgang Einpressen läßt sich in vier zeitlich aufeinanderfolgende Fügephasen untergliedern. Die einzelnen Phasen unterscheiden sich in der Art der Berührung zwischen Fügeteil und Basisteil und in der Lage ihrer Mittelachsen zueinander.
Bild 4.1 zeigt die einzelnen Fügephasen, die nach Abschluß der einzelnen Phasen jeweils erzielte relative Lage der beiden Fügepartner zueinander und die wesentlichen Einflußparameter.

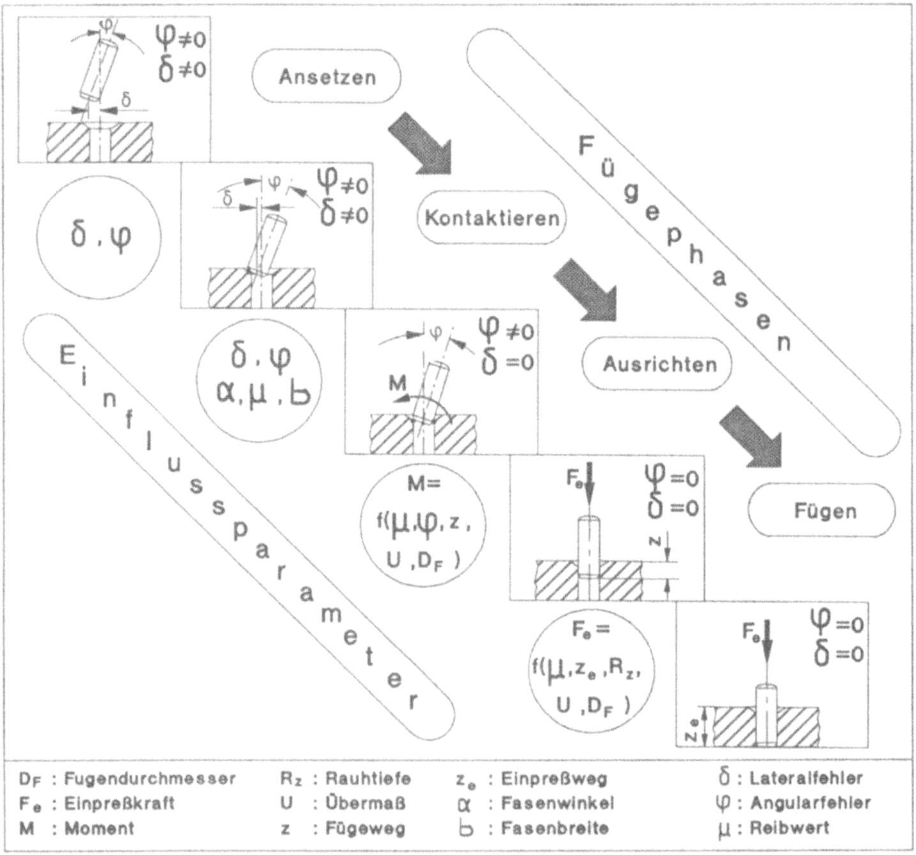


**Bild 4.1:** **Phasenmodell des Fügevorgangs "Einpressen"**

Phase I: <u>ANSETZPHASE</u>
In der Ansetzphase erfolgt nach der Orientierung des Fügeteils relativ zum Basisteil der Erstkontakt zwischen den beiden Fügepartnern in Form einer Punktberührung auf den Fasenflächen.

Phase II: <u>KONTAKTPHASE</u>
Durch eine weitere Axialbewegung resultiert in der Kontaktphase eine Berührung an zwei Punkten auf den Fasen der beiden Fügepartner. Ein möglicherweise bestehender lateraler Positionierfehler $\delta$ wird ausgeglichen, ein vorhandener Angularfehler $\varphi$ entsprechend vergrößert oder verkleinert.

Phase III: <u>AUSRICHTPHASE</u>
In der sich nun anschließenden Ausrichtphase entsteht aus dem 2-Punkt-Kontakt über den Linien-Kontakt der Flächen-Kontakt zwischen den beiden Fügepartnern, der das Fluchten der beiden Mittelachsen und damit das Ausrichten (Zentrieren) des Fügeteils zur Folge hat.

Phase IV: <u>FÜGEPHASE</u>
Die Fügephase ist gekennzeichnet durch das Einpressen des Fügeteils in das Basisteil bis zum geforderten Fügeweg $z_e$.

Module und Vorrichtungen zum automatischen Einpressen müssen also in der Lage sein, während des Fügeprozesses laterale und angulare Positionierfehler $(\delta,\varphi)$ auszugleichen und gleichzeitig die erforderliche Fügekraft $F_e$ zu erzeugen und zu übertragen.

## 4.2 Analytische Berechnung des Fügeprozesses

### 4.2.1 Positionierfehler

Die notwendige Bedingung für erfolgreiches Fügen ist das Auftreffen des Fügeteils auf das Basisteil im Bereich der Fasenbreite. Für den Ausgleich eines Lateralfehlers muß die Vorschubkraft die wirkende Haftreibung überwinden, was nur möglich ist, wenn der Fasenwinkel $\alpha$ den Reibungswinkel $\rho$ übersteigt /35/.

Da beim Einpressen in der Regel Fasen an Füge- und/oder Basisteil vorhanden sind, stellt ein Lateralfehler keine besondere Problemstellung dar und braucht deshalb nicht näher betrachtet zu werden.
Die zulässige Winkelabweichung durch einen Angularfehler $\varphi$ zwischen Fügeteilachse und Basisteilachse ist beim Einpressen durch die auftretenden Spannungen in der Fuge begrenzt, damit die entstehenden plastischen Verformungen nicht zu groß werden, so daß dies zu einem Versagen der Verbindung (z.B. durch Spanbildung) führen könnte.

#### 4.2.1.1 Bedingung für Ausrichten

Das selbsttätige Ausrichten eines Fügeteils basiert auf der Entstehung eines rückstellenden Moments $M_p$ am Fügeteil, verursacht durch eine nicht rotationssymmetrische Flächenpressung p in der Fuge.
Diesem rückstellenden Moment wirkt ein aus den Reibkräften resultierendes Moment $M_{fr}$ entgegen. Ein Ausrichten des Fügeteils kann nur erfolgen, wenn gilt (Bild 4.2):

$$M = M_p + M_{fr} > 0 \qquad (1)$$

Für die nachfolgenden Berechnungen wurden in Anlehnung an /14, 36/ folgende vereinfachenden Annahmen (A1-A3) getroffen:

- linearer Verlauf des Fugendrucks p mit der Aufweitung des Basisteils bzw. Verengung des Fügeteils:

  $$p \sim \Delta r + \frac{U}{2} \qquad (A1)$$

  U: Übermaß
  Δr: Parallelverschiebung des Fugendurchmessers
- linearer Verlauf der Flächenpressung p über der Fügetiefe z:

  $$\frac{dp}{dz} = \text{konstant} \qquad (A2)$$
- die flächenspezifische Reibkraft $f_r$ ist proportional zum Fugendruck p: $f_r = \mu \cdot p$ (A3) $\mu$: Gleitreibungskoeffizient
- aufgrund des Angularfehlers $\varphi$ resultiert nur eine Parallelverschiebung der Fügeteilquerschnitte $\Delta r$ (kleine Angularfehler $\varphi$)
- Singularitäten an der Kante von Füge- bzw. Basisteil werden nicht berücksichtigt.

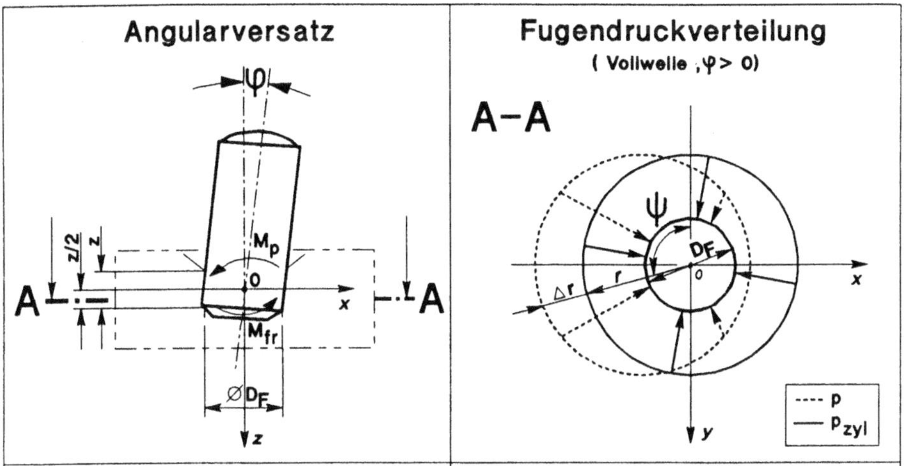


$$M_p = \int_A p \cdot \sin\psi \cdot z \cdot dA \; ; \quad dA = \frac{D_F}{2} \cdot d\psi \cdot dz$$

$$M_{fr} = -\int_A \mu \cdot p \cdot |x| \cdot dA \quad ; \quad x = -\frac{D_F}{2} \cdot \sin\psi$$

$$p = p_{zyl} + p_{ang}$$

$$p_{zyl} = k \cdot \frac{U}{2} \quad ; \quad p_{ang} = k \cdot \varphi \cdot z \cdot \sin\psi$$

$D_F$ : Fugendurchmesser
$M_{fr}$: Moment durch Reibkräfte
$M_p$ : Moment durch Fugendruck
0 : Drehpunkt
p : Fugendruck
z : Fügetiefe
φ : Angularversatz
μ : Reibwert
*x,y,z* : Kartesische Koordinaten

U : Übermaß zwischen Füge- und Basisteil
k : Proportionalitätsfaktor des Fugendrucks
$p_{ang}$ : Fugendruck durch Angularversatz
$p_{zyl}$ : zylindrischer Anteil des Fugendrucks
Δr : Parallelverschiebung von $D_F$
*r,ψ,z*: Zylinderkoordinaten

Bild 4.2: Verhältnisse am Preßverband bei Angularversatz

Das rückstellende Moment $M_p$ ergibt sich damit aus

$$M_p = \int_{-\frac{z}{2}}^{+\frac{z}{2}} \int_0^{2\pi} \frac{D_F}{2} \cdot p \cdot \sin\psi \cdot d\psi \cdot z \cdot dz \tag{2}$$

$D_F$: Fugendurchmesser
U: Übermaß
k: Proportionalitätsfaktor des Fugendrucks
p: Fugendruck
z: Fügeweg
φ: Angularfehler
μ: Reibwert
r,ψ,z: Zylinderkoordinaten

bzw. nach einigem Umformen und einer Linearisierung für kleine Winkel von $\varphi$ zu:

$$M_p = \frac{D_F \cdot k \cdot \pi \cdot \varphi}{24} \cdot z^3 \tag{2a}$$

Diesem rückstellenden Moment $M_p$ wirkt das aus den Reibkräften resultierende Moment $M_{fr}$ entgegen:

$$M_{fr} = \frac{D_F^2}{4} \cdot \mu \cdot \left[ -\int_{-\frac{z}{2}}^{+\frac{z}{2}} \int_{0}^{\pi} p \cdot \sin\psi \cdot d\psi \cdot dz + \int_{-\frac{z}{2}}^{+\frac{z}{2}} \int_{\pi}^{2\pi} p \cdot \sin\psi \cdot d\psi \cdot dz \right], \tag{3}$$

woraus sich nach einigem Umformen ergibt:

$$M_{fr} = -\frac{\mu \cdot D_F^2 \cdot k \cdot U}{2} \cdot z \tag{3a}$$

Mit (2a) und (3a) in (1) eingesetzt, erhält man als Bedingung für das Ausrichten des Stifts:

$$\frac{D_F \cdot k \cdot \pi \cdot \varphi}{24} \cdot z^3 - \frac{\mu \cdot D_F^2 \cdot k \cdot U}{2} \cdot z > 0 \tag{4}$$

Die erforderliche Fügetiefe z, die bei einem bestehenden Angularfehler $\varphi$ für ein erfolgreiches Ausrichten des Fügeteils erreicht werden muß, ergibt sich demnach aus (4) zu

$$z^2 > \frac{12 \cdot \mu \cdot D_F \cdot U}{\pi \cdot \varphi} \tag{4a}$$

Die grafische Darstellung dieses Zusammenhangs für einen ausgewählten Fügefall $\varphi(z)$ ist in Bild 4.3 dargestellt.

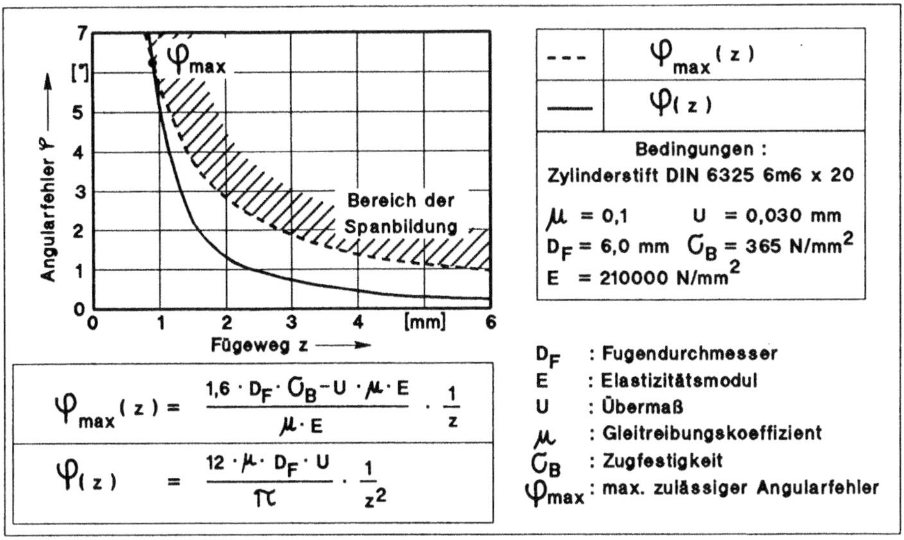


Bild 4.3: Verlauf des Ausrichtprozesses des Fügeteils

### 4.2.1.2 Bedingung für Versagen

Der beim Fügen maßgebliche Versagensfall der Spanbildung tritt ein für den Fall, daß die Schergrenze erreicht wird, d.h. daß gemäß (A3) gilt:

$f_r = \tau_{max} = \mu \cdot p_{max}$ (A3) und $\tau_{max} = 0{,}8 \cdot \sigma_B$ (A4),

so daß folgt

$$p_{max} = \frac{0{,}8 \cdot \sigma_B}{\mu} \tag{5a}$$

Unter Verwendung der in Bild 4.2 aufgestellten Beziehung für den Fugendruck p ergibt sich nach Koeffizientenvergleich gemäß /14/ für den Proportionalitätsfaktor k die Beziehung (für $\varphi = 0$)

$$k = \frac{E}{D_F} \tag{5b}$$

Damit ergibt sich für die maximal zulässige Fügetiefe $z_{max}$ unter der Annahme eines Versagensfalls durch Spanbildung

$$z_{max} = \left(\frac{1{,}6 \cdot D_F \cdot \sigma_B - U \cdot \mu \cdot E}{\mu \cdot E}\right) \cdot \frac{1}{\varphi} \tag{6}$$

| | | | |
|---|---|---|---|
| $D_f$: | Fugendurchmesser | $\mu$: | Reibwert |
| E: | Elastizitätsmodul | $\varphi$: | Angularversatz |
| U: | Übermaß | $\sigma_B$: | Zugfestigkeit |
| $f_r$: | flächenspez. Reibkraft | $\tau_{max}$: | max. zul. Schubspannung |
| $p_{max}$: | max. zul. Fugendruck | | |

Der maximal zulässige Angularfehler $\varphi_{max}(z)$ resultiert nun aus (4a) für die maximal zulässige Fügetiefe $z_{max}$ nach (6); den von der Fügetiefe z unabhängigen zulässigen Angularfehler $\varphi_{max}$ erhält man durch Gleichsetzen von (4a) und (6) zu

$$\varphi_{max} = \left[\frac{2 \cdot D_F \cdot p_{max} - U \cdot E}{E}\right]^2 \cdot \frac{\pi}{12 \cdot \mu \cdot D_F \cdot U} \tag{7}$$

Für Angularfehler $\varphi$, welche diesen Wert überschreiten, kann sich das Fügeteil nicht mehr ausrichten, sondern es tritt Versagen durch Spanbildung ein.

Die grafische Darstellung dieses Zusammenhangs $\varphi_{max}$ (z) bzw. $\varphi_{max}$ für einen ausgewählten Fügefall ist ebenfalls in Bild 4.3 dargestellt.

### 4.2.2 Fügestrategien

#### 4.2.2.1 Fügen mit konstanter Kraft

Für die Berechnung elastisch, elastisch-plastisch oder plastisch beanspruchter Preßverbände existieren in der Literatur eine Reihe von Berechnungsverfahren, welche sich alle auf die in /14/ vorgestellte Berechnungsmethode zurückführen lassen. Danach ist die Fügekraft $F_e$ die Reibkraft, die sich aus dem Fugendruck p und der Fügefläche A für eine Vollwelle als Fügeteil bei gleichen Werkstoffen der Fügepartner ergibt zu

$$F_e = \nu \cdot \pi \cdot z_e \cdot E \cdot \Big[\underbrace{(D_{Fa} - D_{Bi})}_{U} - \underbrace{0{,}8\,(R_{zB} + R_{zF})}_{G}\Big] \cdot \frac{D_{Ba}{}^2 - D_F{}^2}{2 \cdot D_{Ba}{}^2} \qquad (8)$$

| | | | |
|---|---|---|---|
| $D_{Bi}$: | Innendurchmesser des Basisteils | E: | Elastizitätsmodul |
| $D_{Ba}$: | Außendurchmesser des Basisteils | G: | Glättung |
| $D_{Fa}$: | Außendurchmesser des Fügeteils | $R_{zB}$: | Rauhtiefe des Basisteils |
| $D_F$: | Fugendurchmesser | $R_{zF}$: | Rauhtiefe des Fügeteils |
| | | U: | Übermaß |
| | | $z_e$: | Einpreßweg |
| | | $\nu$: | Haftbeiwert |

Bei der Ermittlung der Einpreßkraft $F_e$ nach (8) wird anstelle des üblicherweise verwendeten Reibwerts $\mu$ für haftende oder gleitende Reibung aufgrund der fehlenden Möglichkeit der meßtechnischen Erfassung der tatsächlich vorliegenden Normalkraft (Fugendruck) der Haftbeiwert $\nu$ verwendet, der das Verhältnis der beim "Auspressen" gemessenen Lösekraft zur errechneten Normalkraft in der Fügefläche ausdrückt, wobei $\nu$ und $\mu$ nahezu denselben Wert annehmen /14/. Aus diesem Grund wird im weiteren auf eine Unterscheidung verzichtet und mit dem Reibwert $\mu$ gearbeitet.

Wie aus (8) ersichtlich ist, wird die genaue Berechnung der Einpreßkraft $F_e$ durch folgende Parameter bestimmt:

- den Reibwert $\mu$, der zusätzlich von den in /14/ angegebenen Einflußfaktoren auch von der Fügegeschwindigkeit v abhängt /10/ und in der Größenordnung des Faktors
  $$\frac{\mu\ (v = 0{,}05\ m/s)}{\mu\ (v = 6{,}3\ m/s)} = 6{,}5$$
  variieren kann.

- das Übermaß U, welches nach /37/ in Abhängigkeit von Durchmesser $D_F$ und Passungsverhältnis für $6 < D_F \leq 10$ mm, Passung H7-s6 um den Faktor
  $$\frac{\text{Größtübermaß } U_g}{\text{Kleinstübermaß } U_k} = 4$$
  variieren kann.

- die Rauhtiefe $R_z$, welche nach /38/ in Abhängigkeit vom Herstellverfahren um den Faktor (für Rund-Längsschleifen)
  $$\frac{R_{zmax}}{R_{zmin}} = 4$$
  variieren kann.

Da sowohl Reibwert $\mu$ als auch Übermaß U und Rauhtiefe $R_z$ linear in die Berechnung der Fügekraft $F_e$ eingehen und zusätzlich miteinander multipliziert werden, ergibt sich eine entsprechende Multiplikation der Einzelabweichungen, welche eine analytische Ermittlung der Fügekraft $F_e$ erschwert.

#### 4.2.2.2 Fügen mit Stoßkräften

Im Gegensatz zur analytischen Erfassung des Einpreßvorgangs beim Fügen mit konstanter, d.h. zeitlich invarianter, Kraft muß beim Fügen mit Stoßkräften (Hämmern, Schlagen) aufgrund des ungeklärten Zusammenhangs zwischen diesen Stoßkräften und der erforderlichen quasistatischen Einpreßkraft die in die Verbindung übertragene Energie W als eigentliches Maß für die Beschreibung der Verbindung betrachtet werden, wobei gilt /39, 40/:

$$W = \int_0^{z_e} F(z) \cdot dz = \int_0^{z_e} c \cdot z \cdot dz = n_H \cdot W_i \tag{9}$$

Der Verlauf des Wegs pro Schlag $\Delta z$, den das Fügeteil mit zunehmendem Fügeweg z (für $W_i$ = konstant) zurücklegt, ergibt sich damit für positive Werte von $\Delta z$ zu (Bild 4.4):

$$\Delta z = \sqrt{z^2 + \frac{2 \cdot Wi}{c}} - z \qquad (10)$$

F: Kraft
$W_i$: Energie pro Schlag
W: Energie
c: Proportionalitätsfaktor der Fügekraft
$n_H$: Schlagzahl
z: Fügeweg
$z_e$: Einpreßweg
$\Delta z$: Weg pro Schlag

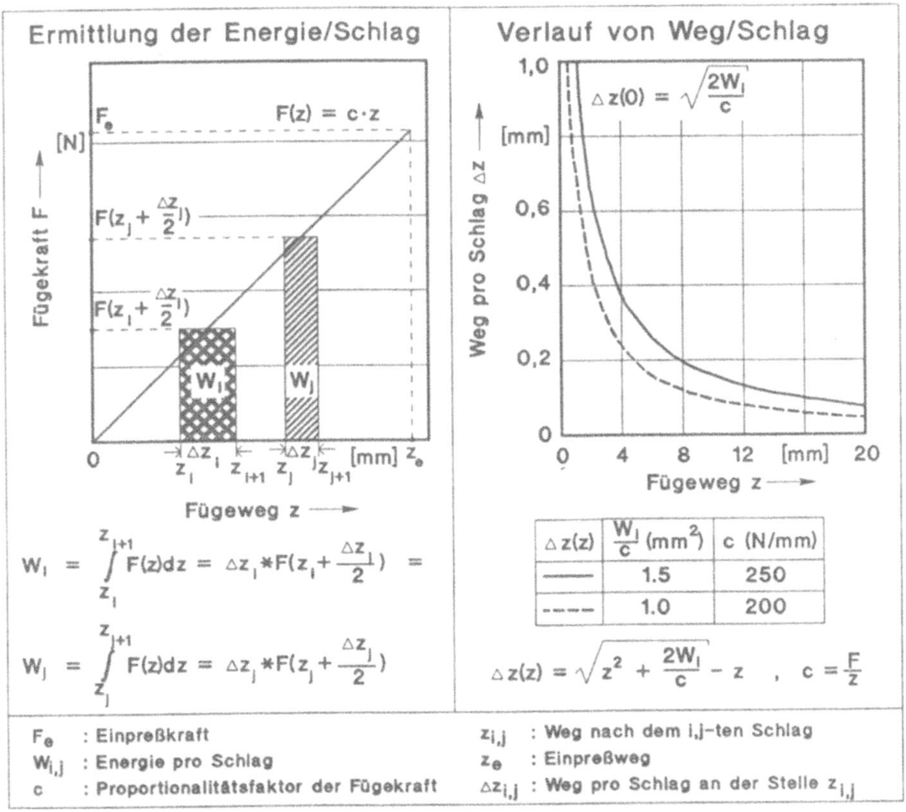


**Bild 4.4:** Verlauf des Einpreßvorgangs

Die dem Fügeteil pro Schlag zugeführte Energie $W_i$ kann dabei zur Verkürzung der Prozeßzeit $t_p$ nicht beliebig erhöht werden, da aufgrund der Wärmeentwicklung in der Fuge (lokale Temperaturspitzen) der Energieeintrag pro Schlag $W_i$ begrenzt ist (Kaltverschweißen, Fressen) /41/. Sitzt das Fügeteil bereits fest und kann die bereitgestellte Stoßkraft die Haftreibkräfte nicht mehr überwinden, wird keine Energie mehr übertragen. Bild 4.5 zeigt die mit Hilfe einer Finite-Element-Rechnung ermittelte Spannungsverteilung (Vergleichsspannung nach von Mises) im Basisteil beim Einpressen unter Winkelversatz. Da es einen eindeutigen Zusammenhang zwischen den Normalspannungen über die Reibkräfte und der in die Verbindung übertragenen Energie gibt, können diese somit für die Beurteilung der Wärmeentwicklung herangezogen werden. Wie zu erkennen ist, tritt punktuelles Kaltverschweißen und damit eine Zerstörung der Verbindung ein.

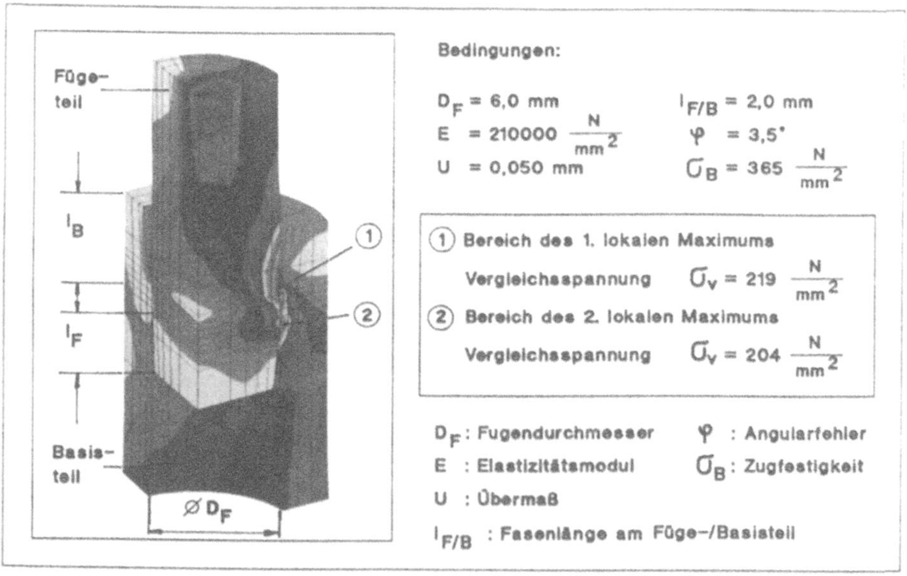


<u>Bild 4.5:</u> Spannungsanalyse am Basisteil mit Hilfe der Finite-Element-Methode (reibungsfrei, Streckgrenze konstant)

Daraus wird ersichtlich, daß beim Fügen mit Stoßkräften insbesondere bei engen Passungen bzw. bei großen Fügewegen z eine Regelung der in die Verbindung übertragenen Gesamtenergie W über die Regelung der Schlagzahl $n_H$ bzw. der Schlagfrequenz $f_H$ des Hammerwerkzeugs und die Regelung der Schlagenergie $W_i$ erfolgen muß, um eine sichere Verbindung zu gewährleisten.

Bild 4.6 zeigt die daraus resultierenden Fügephasen mit ihrer jeweiligen Dauer anhand eines ausgewählten Einpreßprozesses.

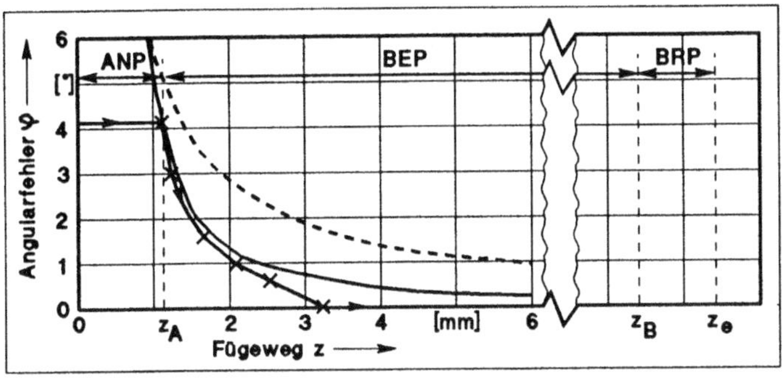


Bedingungen :

Zylinderstift DIN 6325 6m6×20

$D_F$ = 6,0 mm

U = 0,030 mm

$\mu$ = 0,1

—×—×— Meßwerte

| Fügephasen / Kriterien | Geltungsbereich | Merkmale | Einflußparameter | Ergebnis |
|---|---|---|---|---|
| Anlaufphase ( ANP ) | $0 \leq z \leq z_A$ | - geringe Schlagfrequenz<br>- geringer Energieeintrag | - Aufrichtlinie ( $\varphi$ )<br>- Spanbildungsbereich ( $\varphi_{max}$ ) | - Vermeidung von/ schnelle Reaktion auf Versagensfälle |
| Betriebsphase ( BEP ) | $z_A < z \leq z_B$ | - hohe Schlagfrequenz<br>- hoher Energieeintrag | - Fügeenergie W<br>- Anpreßkraft $F_a$<br>- Fügegeschwindigkeit v | - Erzielung der erforderlichen Fügekraft bzw. Prozeßzeit |
| Bremsphase ( BRP ) | $z_B < z \leq z_e$ | - angepasste Schlagfrequenz<br>- geringer/mittlerer Energieeintrag | - Reaktionszeit des Systems<br>- Toleranz<br>- Taktzeit | - Erzielung des erforderlichen Fügewegs |

$D_F$ : Fugendurchmesser  $\mu$ : Gleitreibungskoeffizient  $z_B$ : Bremsweg

U : Übermaß  $z_A$ : Anlaufweg  $z_e$ : Einpreßweg

Bild 4.6: Fügestrategien beim automatisierten Einpressen

## 4.3 Einflußparameter auf den Einpreßvorgang

Die Vielzahl von Parametern, welche eine Preßpassung beeinflussen, wurden in zahlreichen Arbeiten /10, 11, 14, 42, 43, 44/ bereits ausführlich untersucht. Für die Ermittlung der Einflußparameter auf den eigentlichen Fügevorgang können diese Parameter jedoch nur teilweise herangezogen werden, da der Schwerpunkt der Untersuchungen auf der Beurteilung der übertragbaren Kräfte des Preßverbandes und damit auf dem bereits gefügten Zustand lag. Für eine flexibel automatisierte Montage von Preßverbänden werden allerdings zusätzliche Einflußparameter wirksam; Bild 4.7 zeigt die Einteilung der Einflußparameter in 4 Hauptgruppen, die die gegenseitigen Abhängigkeiten der verschiedenen Parameter erkennen lassen.

**Einflußparameter auf den Einpreßvorgang**

| fügeprozeßbezogen | werkstückbezogen | werkzeugbezogen | sonst. Einflußgrößen |
|---|---|---|---|
| * Fügekräfte und -momente<br>* Fügegeschwindigkeit<br>* Fügestrategien<br>* Fügerichtung<br>* Fügeweg<br>* Fügebewegung<br>* Exzentrizität des Füge- bzw. Basisteils<br>* Lateralversatz<br>* Angularversatz<br>* Übermaß<br>* Fügeraum<br>* Fügestellen | Fügeteil/Basisteil:<br>* Rauhtiefe<br>* Werkstoff<br>* Steifigkeit<br>* Empfindlichkeit<br>* Oberflächenqualität<br>* Passungstoleranz<br>* Zylinderformtoleranz<br>* Ansatzform ( z.B. Rundungen, Fasenwinkel, Fasenlänge )<br>* Durchmesserverhältnisse<br>* Form<br>* Abmessungen | Industrieroboter:<br>* Kinematik<br>* Antriebsart<br>* Handhabungsgewicht, Druckkräfte<br>* Steifigkeit<br>* Achsstellung<br><br>Greifer/Werkzeug:<br>* Greiferaufhängung<br>* Greifkraft<br>* Toleranzausgleich<br>* Steifigkeit der Greiferbacken<br><br>Greifer:<br>* Greiferbackenform<br>* Greiffläche<br>* Greifraum | * Schmiermittel<br>* Temperatur<br>* Schwingungen<br>* Fügestellenzustand ( Grat, Verschmutzung )<br>* Teilebereitstellung ( Toleranz ) |

Bild 4.7: Einflußparameter auf den Einpreßvorgang

# 5 Konzeption und Entwicklung von Teilsystemen

## 5.1 Lösungskonzepte für das Fügesystem

### 5.1.1 Konzepte zur Fügekrafterzeugung

Die Erzeugung bzw. Abstützung der erforderlichen Fügekraft als auch die Realisierung des erforderlichen Fügewegs können durch die einzelnen Komponenten

- Industrieroboter
- Einrichtung am Industrieroboter (Greifer, Werkzeug)
- periphere Einrichtung (Arbeitstisch, Presse)

realisiert werden. Werden die Teilaufgaben Krafterzeugung und Wegerzeugung miteinander gekoppelt und mit der weiteren Systemaufgabe Reaktionskraftabstützung auf die Einzelkomponenten verteilt, so ergeben sich die in Bild 5.1 dargestellten grundsätzlichen Fügesysteme.

Das prinzipielle Unterscheidungsmerkmal dieser Grundprinzipien ist der Verlauf des Kraftflusses, der möglichst "kurzgeschlossen" sein sollte, um keine zusätzlichen inneren oder äußeren Kräfte im Gesamtsystem zu erzeugen.

In Bild 5.2 sind diese Grundprinzipien einander im Rahmen einer Nutzwertanalyse nach /45/ bewertet gegenübergestellt. Daraus wird ersichtlich, daß insbesondere hinsichtlich der Flexibilität bezüglich des montierbaren Produktspektrums und der Zugänglichkeit unterschiedlicher Fügeorte bei gleichzeitig geringem Gewicht und Bauraum das Fügesystem mit einem Werkzeug mit schlagendem Antrieb am Industrieroboter die beste Lösung darstellt, insbesondere auch in Hinblick auf den erforderlichen Aufwand zur Abstützung der Reaktionskraft, welche durch das Werkzeug in Form von Trägheitskräften in sich aufgenommen wird.

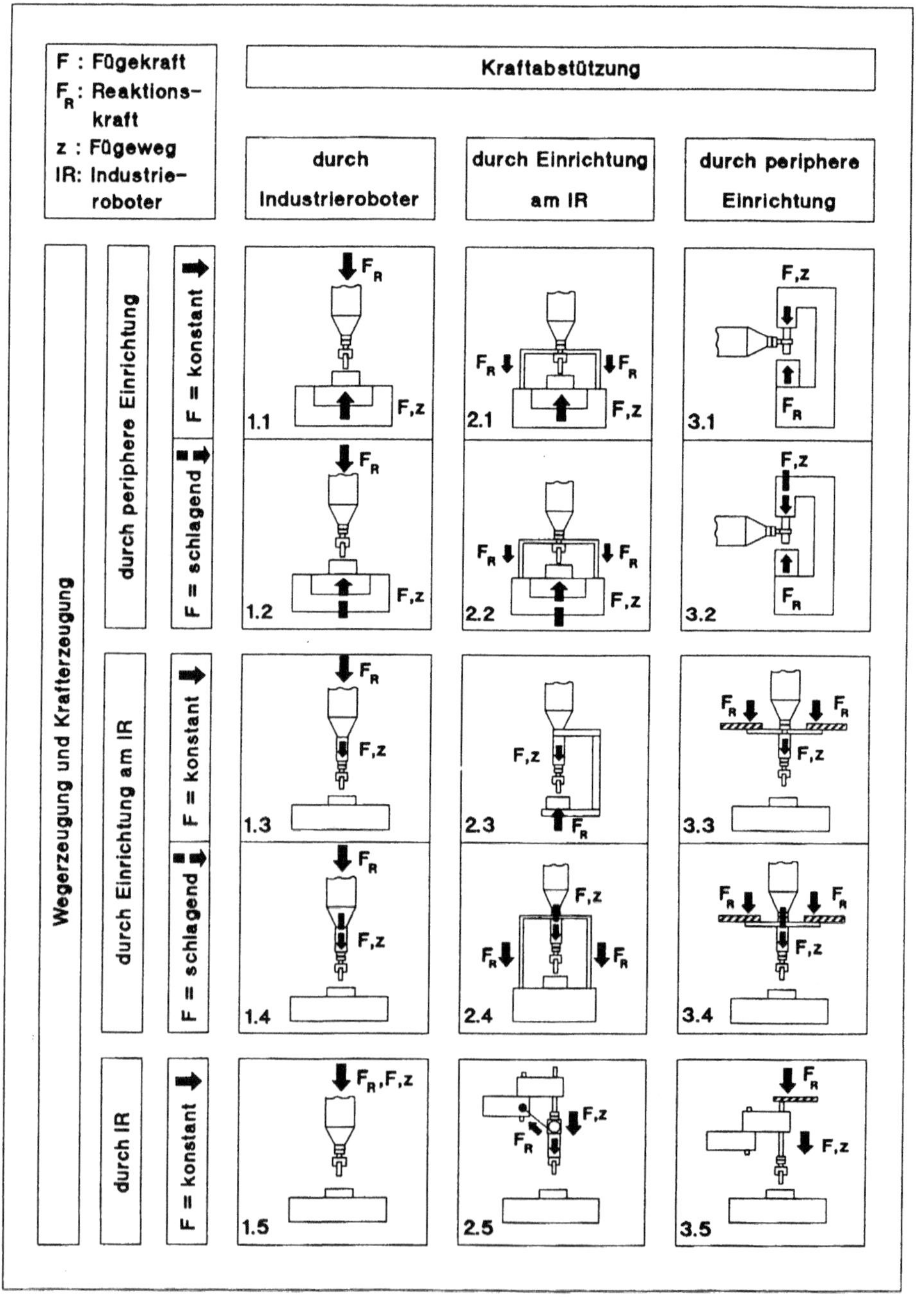


Bild 5.1: Konzepte zur Krafterzeugung und -abstützung

| Kriterien | | Gewichtung | 1.1 | 2.1 | 3.1 | 1.2 | 2.2 | 3.2 | 1.3 | 2.3 | 3.3 | 1.4 | 2.4 | 3.4 | 1.5 | 2.5 | 3.5 |
|---|---|---|---|---|---|---|---|---|---|---|---|---|---|---|---|---|---|
| Prozessparameter | mögliche Fügekraft | 10 | 3 | 2 | 4 | 3 | 3 | 4 | 2 | 4 | 2 | 4 | 4 | 3 | 1 | 1 | 1 |
| | möglicher Fügeweg | 7 | 3 | 2 | 3 | 3 | 2 | 3 | 4 | 2 | 2 | 4 | 2 | 2 | 4 | 4 | 2 |
| | Abstützung von Reaktionskräften | 10 | 1 | 2 | 4 | 2 | 3 | 4 | 1 | 4 | 3 | 4 | 3 | 3 | 1 | 2 | 3 |
| | mögliche Fügerichtungen | 9 | 1 | 1 | 1 | 1 | 1 | 1 | 4 | 2 | 2 | 4 | 1 | 2 | 4 | 3 | 2 |
| | mögliche Fügeorte | 9 | 3 | 2 | 1 | 3 | 2 | 1 | 4 | 2 | 2 | 4 | 2 | 2 | 4 | 3 | 2 |
| | Produkt-flexibilität | 7 | 2 | 1 | 1 | 2 | 1 | 1 | 4 | 2 | 3 | 3 | 1 | 3 | 4 | 4 | 3 |
| | Prozess-flexibilität | 7 | 3 | 3 | 4 | 2 | 2 | 2 | 3 | 4 | 4 | 3 | 2 | 3 | 4 | 4 | 4 |
| | Prozess-überwachung | 5 | 3 | 3 | 4 | 1 | 1 | 1 | 2 | 4 | 2 | 1 | 1 | 1 | 2 | 2 | 2 |
| Systemparameter | Integration von Teilsystemen | 4 | 4 | 3 | 1 | 4 | 3 | 1 | 4 | 2 | 3 | 4 | 3 | 2 | 4 | 4 | 3 |
| | Bauraum | 3 | 3 | 2 | 1 | 2 | 2 | 1 | 3 | 2 | 3 | 3 | 2 | 3 | 4 | 4 | 4 |
| | Gewicht | 7 | 4 | 2 | 1 | 4 | 2 | 1 | 3 | 1 | 3 | 3 | 2 | 3 | 4 | 4 | 4 |
| | Kosten | 2 | 4 | 2 | 1 | 3 | 2 | 1 | 4 | 2 | 3 | 3 | 2 | 2 | 4 | 4 | 3 |
| | Komplexität | 4 | 4 | 3 | 4 | 3 | 3 | 4 | 4 | 3 | 4 | 3 | 3 | 4 | 4 | 3 | 4 |
| | Taktzeit | 5 | 4 | 2 | 1 | 4 | 2 | 1 | 4 | 3 | 3 | 4 | 2 | 3 | 4 | 4 | 3 |
| | Umgebungs-belastung | 3 | 4 | 4 | 4 | 1 | 1 | 1 | 4 | 3 | 4 | 1 | 1 | 1 | 4 | 4 | 4 |
| | Gesamt-steifigkeit | 8 | 1 | 2 | 4 | 1 | 3 | 4 | 1 | 3 | 3 | 3 | 2 | 3 | 1 | 2 | 3 |
| Summe (absolut) | | 100 | 48 | 36 | 41 | 39 | 31 | 31 | 51 | 41 | 46 | 51 | 33 | 40 | 53 | 52 | 47 |
| Summe (gewichtet) | | | 3.9 | 3.3 | 4.3 | 3.8 | 3.3 | 3.6 | 4.9 | 4.6 | 4.4 | **5.7** | 3.5 | 4.1 | 4.9 | 4.8 | 4.0 |

Bild 5.2: Bewertung der Fügesystemkonzepte

### 5.1.1.1 Aufbau und Wirkungsweise des ausgewählten Prinzips

Das realisierte Funktionsmodul zur Erprobung dieses Fügekonzepts besteht aus einem Antriebsmodul zur Erzeugung der benötigten Fügekraft bzw. Fügeenergie und einem Wirkorganmodul zur Aufnahme unterschiedlicher Fügeteiltypen und -varianten.
Das Antriebsmodul besteht aus einem handelsüblichen Hammerwerkzeug mit einem pneumatisch-schlagenden Antrieb. Hierbei wird ein Schlagkolben durch wechselseitige Beaufschlagung mit Druckluft auf einer definierten Strecke hin und her beschleunigt und stößt auf einen Schlagstößel /46/. Der Schlagstößel liegt dabei auf dem Fügeteil auf und gibt an dieses seine kinetische Energie weiter, die dann für den Einpreßprozeß zur Verfügung steht. Bei dem hier realisierten Funktionsmodul kommt ein Schlagwerk mit einer Schlagfrequenz von 30÷60 Hz zum Einsatz verwendet. Auf eine Optimierung dieses Antriebs wurde verzichtet; dies wird in anderen Arbeiten näher behandelt /47/.

Folgende Modifikationen wurden vorgenommen, um den Einsatz eines solchen Schlagantriebs im Rahmen einer flexiblen Automatisierung des Einpressens zu ermöglichen /48, 49/:

- Realisierung eines stufenlos regelbaren Drucks zur Erzielung einer beliebig regelbaren Schlagleistung des Pneumatikhammers im Arbeitsbereich,
- Realisierung einer frei programmierbaren Anpreßkraft durch Integration eines separaten Vorschubantriebs,
- Realisierung einer frei programmierbaren Schlagfrequenz bis hin zu Einzelschlägen durch eine entsprechende steuerungstechnische Änderung der Druckluftzu- bzw. -abfuhr.

Daneben dient das Wirkorganmodul zur Aufnahme fügeteilspezifischer Wirkorgane (Schlagstößel) und unterschiedlicher Fügeteile. Hierfür wurde der Hammer exemplarisch mit einer Aufnahmevorrichtung für zwei unterschiedliche Schlagstößel für 2 Typen von Fügeteilen (Zylinderstift, Kegelrollenlager) versehen, mit Hilfe derer die Stößel bei gleicher Schnittstelle im Gehäuse des Antriebsmoduls aufgenommen werden können. Analog dazu wurden zwei unterschiedliche Fügeteilaufnahmen für Zylinderstifte und Lager realisiert, welche nach demselben Prinzip aufgenommen werden können (Bild 5.3).

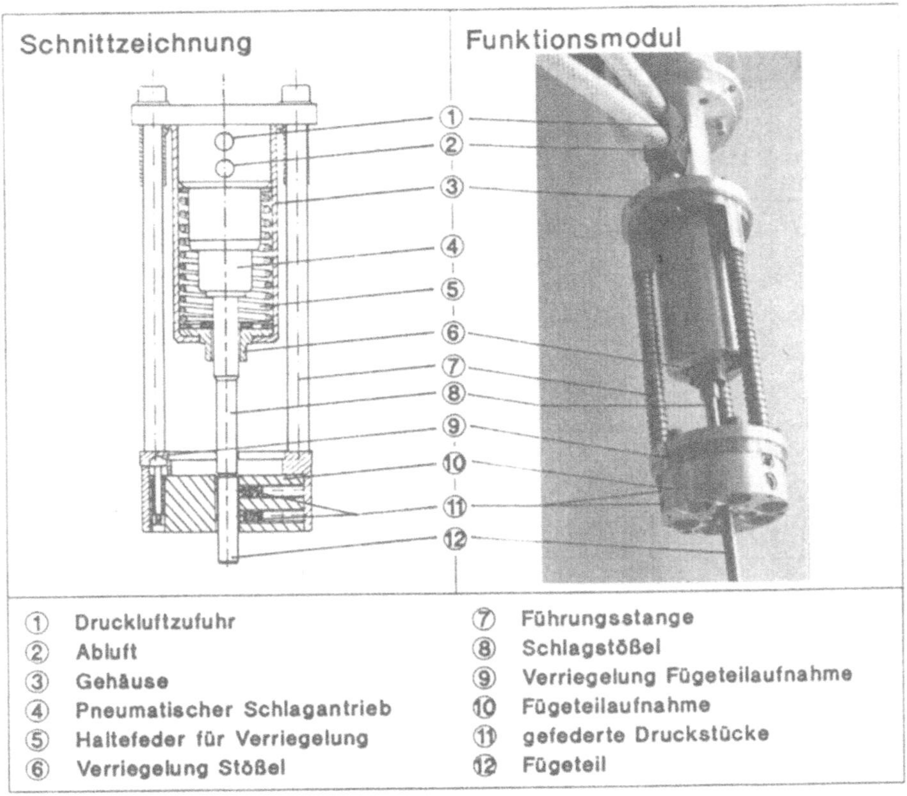


Bild 5.3: Pneumatikhammer zum automatisierten Einpressen

### 5.1.2 Konzepte zur Schwingungsisolation

Durch die Verwendung eines Werkzeugs mit pneumatisch-schlagendem Antrieb am Industrieroboter wird dieser mit einer periodischen Erregerkraft mit variablen Frequenzen belastet, die sich aus einem statischen (Haltekraft) und einem dynamischen (Schwingungen) Anteil zusammensetzt. Da der Industrieroboter nun ebenfalls

| Passive Schwingungs-isolations-konzepte: Kriterien | Gewichtung | Masse: Zusatz-masse | Masse: Schwing-masse | Masse: Zwischen-masse | Feder: Metall-feder | Feder: Gasfeder | Feder: Gummi-feder | Feder – Dämpfer: starrer Dämpfer | Feder – Dämpfer: elastischer Dämpfer |
|---|---|---|---|---|---|---|---|---|---|
| | | 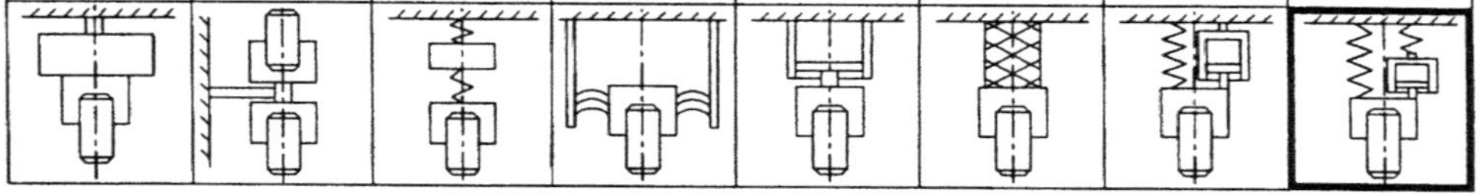 | | | | | | | |
| **Prozessparameter** | | | | | | | | | |
| Einsatzbereich im Frequenzspektrum | 10 | 2 | 3 | 1 | 1 | 2 | 1 | 4 | 4 |
| Isolations-vermögen | 10 | 3 | 3 | 3 | 4 | 2 | 4 | 3 | 3 |
| Dämpfungs-vermögen | 8 | 3 | 3 | 3 | 2 | 2 | 2 | 3 | 4 |
| Flexibilität bzgl. Fügerichtungen | 8 | 4 | 2 | 1 | 1 | 2 | 1 | 3 | 3 |
| **Systemparameter** | | | | | | | | | |
| Zeitstand-festigkeit | 6 | 4 | 4 | 4 | 4 | 2 | 3 | 3 | 3 |
| Gewicht | 7 | 1 | 1 | 1 | 3 | 3 | 4 | 3 | 3 |
| Bauraum | 7 | 1 | 1 | 1 | 2 | 3 | 4 | 3 | 3 |
| technischer Aufwand | 4 | 3 | 1 | 2 | 3 | 3 | 4 | 2 | 2 |
| Funktions-sicherheit | 7 | 3 | 1 | 3 | 3 | 3 | 3 | 3 | 3 |
| Summe ( absolut ) | 67 | 24 | 19 | 19 | 23 | 22 | 26 | 27 | 28 |
| Summe ( gewichtet ) | | 2,7 | 2,3 | 2,1 | 2,5 | 2,4 | 2,8 | 3,0 | **3,2** |

**Bild 5.4:** Konzepte zur Schwingungsisolation

ein schwingfähiges System mit variablen Eigenfrequenzen in Abhängigkeit der kinematischen Grundstruktur und der jeweiligen Achsstellungen in unterschiedlichen Raumpunkten seines Arbeitsbereiches darstellt /50, 51/, ist eine schwingungstechnische Entkopplung von Industrieroboter und Prozeßwerkzeug nötig, um die Belastungen auf den Industrieroboter so gering wie möglich zu halten.

Die prinzipiellen Lösungsmöglichkeiten und eine bewertete Gegenüberstellung für ein Schwingungsisoliersystem zur Applikation an einem Industrieroboter-Werkzeug mit Schlagantrieb sind in Bild 5.4 dargestellt.

Daraus geht hervor, daß keines der "reinen" Isolationselemente Masse, Feder oder Dämpfer die geforderten prozeßtechnischen (funktionalen) und systemtechnischen Anforderungen zufriedenstellend erfüllen kann. Deshalb ist eine Kombination aus Masse-, Feder- und Dämpferanteilen (MFD) erforderlich, um eine optimale Lösung zu erzielen.

Eine genaue Betrachtung zeigt dabei, daß sich die Möglichkeiten der Kombination der Einzelelemente Masse, Feder und Dämpfer prinzipiell auf zwei Prinzipien zurückführen lassen:

- den starr angekoppelten Dämpfer
- den elastisch angekoppelten Dämpfer.

In Bild 5.5 sind die Übertragungsfunktionen $V_T(\eta)$, d.h. der Zusammenhang zwischen Amplitudenverhältnis $V_T$ und Frequenzverhältnis $\eta$, dieser beiden Grundprinzipien einander vergleichend gegenübergestellt. Daraus wird ersichtlich, daß der elastisch angekoppelte Dämpfer durch den zusätzlichen Federanteil die Forderung nach einer Minimierung der Übertragungsfunktion als Maß für die Entkopplung sowohl für den Resonanzbereich (Frequenzverhältnis $\eta = 1$) als auch für den überkritischen Bereich ($\eta > \sqrt{2}$) besser erfüllt als der starr angekoppelte Dämpfer.

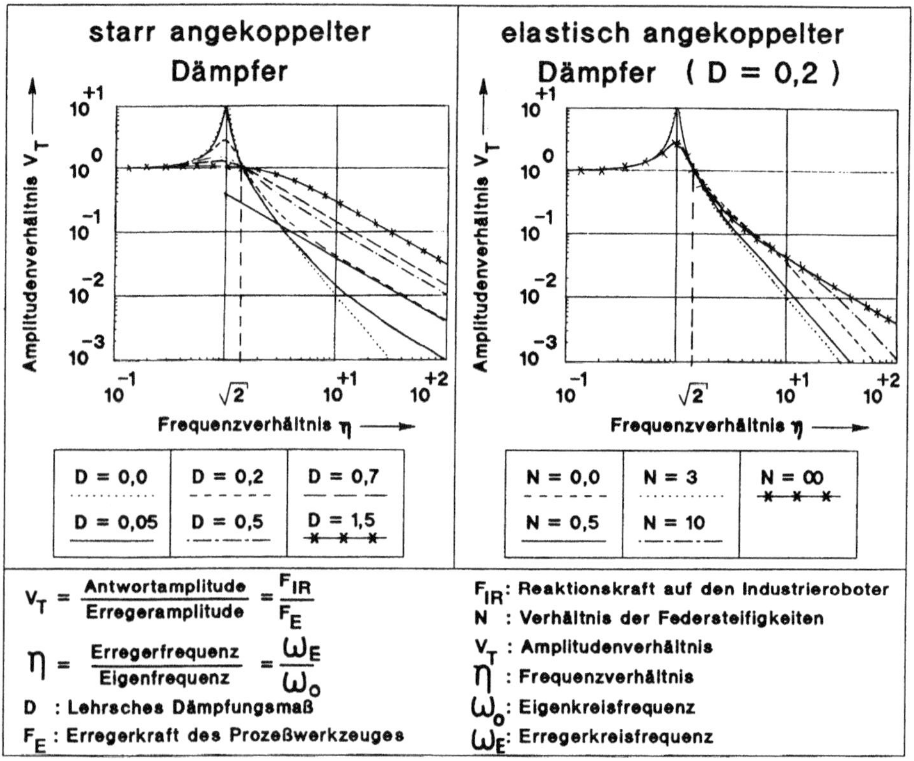


Bild 5.5: Übertragungsfunktionen für den starr und den elastisch angekoppelten Dämpfer

#### 5.1.2.1 Aufbau und Wirkungsweise des ausgewählten Prinzips

Das realisierte Masse-Feder-Dämpfer(MFD)-Modul auf der Basis des elastisch-angekoppelten Dämpfers basiert auf einem Aufbau ähnlich dem eines Pneumatikzylinders, in dem das Luftvolumen V1 "kolbenseitig" mit einer elastischen Gummimembran verschlossen ist, durch deren Nachgiebigkeit der erforderliche zusätzliche Freiheitsgrad für die Ankopplung der Dämpfung erzielt wird (Gummi-Luft-Feder) /52/. Dieses Grundvolumen V1 ist über eine Schnittstelle mit einem variablen Ausgleichsvolumen V2 verbunden, wobei der im gesamten System herrschende Luftdruck $p_{MFD}$ zwischen 1 und 6 bar variierbar ist. Das Ausgleichsvolumen V2 wird durch 2 Pneumatikzylinder realisiert, bei denen durch die Veränderung der Kolbenstellung das umschlossene Luftvolumen V2 verändert werden kann. Durch die voneinander unabhängige Variation von Luftdruck <u>und</u> Luftvolumen ist es möglich, unterschiedliche Feder- und Dämpfungseigenschaften des Moduls zu erzielen und zusätzlich die resultierende Anpreßkraft auf das Prozeßwerkzeug bzw. das Fügeteil zu variieren. Bild 5.6 zeigt das entwikkelte Funktionsmodul im Schnitt und in der Realisierung.

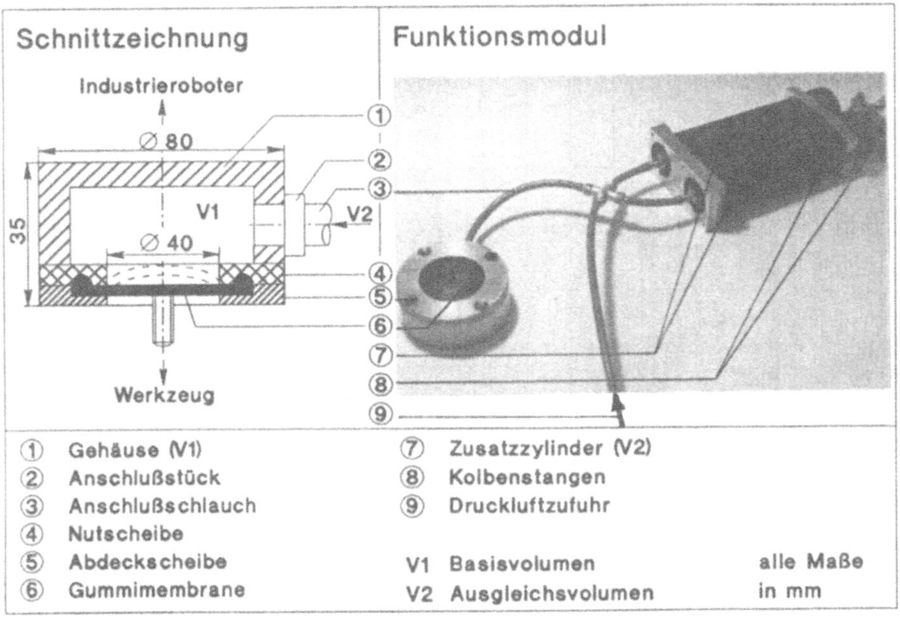


<u>Bild 5.6:</u> Masse-Feder-Dämpfer(MFD)-Modul zur Schwingungsisolation am Industrieroboter

## 5.2 <u>Lösungskonzepte für das Positioniersystem</u>

Die grundsätzlichen Möglichkeiten zum Ausgleich von Positioniertoleranzen lassen sich nach /53, 54/ generell in den aktiven und passiven Toleranzausgleich untergliedern. Die aus diesem Lösungsfeld möglichen Prinzipien zum Toleranzausgleich beim Einpressen sind einander in Bild 5.7 bewertet gegenübergestellt.

| Kriterien | Gewichtung | Aktive Verfahren: stationäre CCD-Kamera | Aktive Verfahren: Messkugel am Industrieroboter | Aktive Verfahren: Ultraschall-abstands-sensor | Passive Verfahren: nachgiebiger Industrie-roboter | Passive Verfahren: nachgiebige Werkzeug-aufhängung | Passive Verfahren: nachgiebig in Kraftwirk-ungslinie | Passive Verfahren: gelagertes Absatz mit Untermaß | Passive Verfahren: Fügeteil Hilfsfügeteil mit Untermaß |
|---|---|---|---|---|---|---|---|---|---|
| **Prozessparameter** | | | | | | | | | |
| Störanfälligkeit | 10 | 2 | 1 | 1 | 4 | 4 | 4 | 4 | 3 |
| Prozesssicherheit | 9 | 4 | 4 | 3 | 3 | 3 | 4 | 4 | 3 |
| Prozesszeit | 7 | 1 | 1 | 2 | 1 | 4 | 4 | 4 | 2 |
| möglicher Lateralversatz | 8 | 4 | 4 | 4 | 1 | 1 | 2 | 3 | 3 |
| möglicher Angularversatz | 10 | 1 | 2 | 3 | 1 | 2 | 3 | 4 | 4 |
| **Systemparameter** | | | | | | | | | |
| Gewicht | 3 | 4 | 4 | 4 | 4 | 2 | 4 | 4 | 3 |
| Bauraum | 2 | 4 | 3 | 3 | 4 | 2 | 4 | 4 | 1 |
| Realisierungs-aufwand | 2 | 2 | 2 | 1 | 3 | 4 | 4 | 1 | 2 |
| Produkt-flexibilität | 6 | 4 | 3 | 3 | 4 | 3 | 4 | 1 | 3 |
| Summe (absolut) | 57 | 26 | 24 | 24 | 25 | 25 | 33 | 29 | 24 |
| Summe (gewichtet) | | 2,7 | 2,5 | 2,7 | 2,5 | 2,8 | 3,6 | 3,4 | 3,0 |

Toleranz-ausgleichs-möglichkeiten

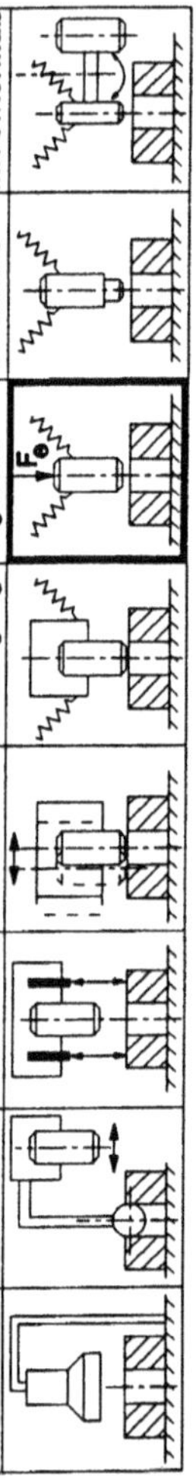


**Bild 5.7:** Konzepte zum Toleranzausgleich

Unter Berücksichtigung der beim Einpressen spezifischen Randbedingungen und der formulierten Beurteilungskriterien stellt das Prinzip des nachgiebig gelagerten Fügeteils in Kraftwirkungslinie die geeignetste Lösung dar.

### 5.2.1 Aufbau und Wirkungsweise des ausgewählten Prinzips

Das entwickelte Toleranzausgleichsmodul basiert auf dem Prinzip des Remote-Center-Compliance (RCC), d.h. des voneinander unabhängigen Ausgleichs von Lateralfehlern durch translatorische Bewegungen in einer Ebene und Winkelfehlern durch rotatorische Bewegungen um einen Punkt, der außerhalb des Fügesystems im Fügepunkt liegt /55/.

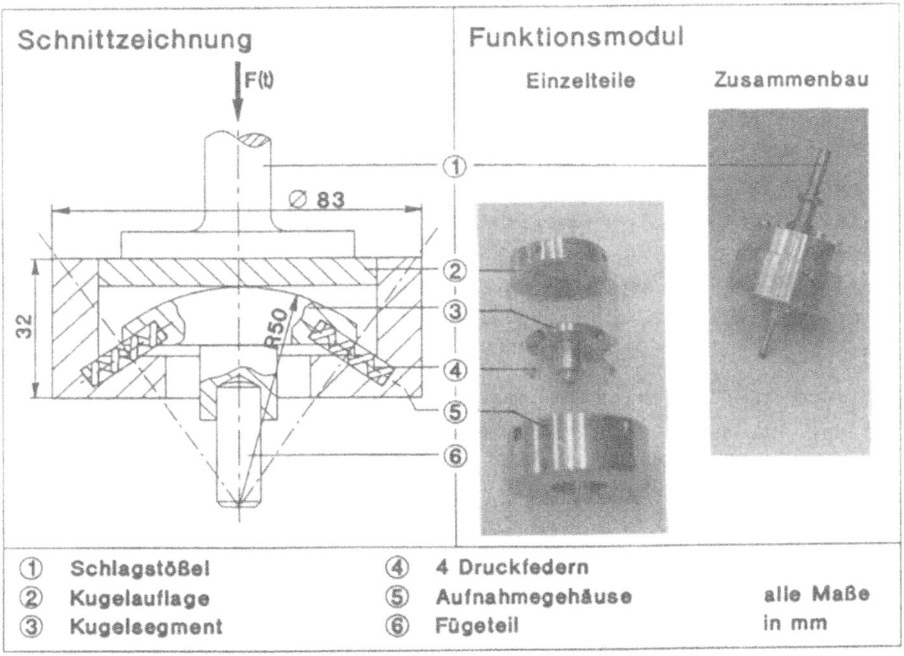


**Bild 5.8:** Passives Toleranzausgleichsmodul zum Einpressen

Dabei erfolgt bei dem entwickelten Toleranzausgleichsmodul die Übertragung der Fügekraft nicht über die für die Ausgleichsbewegung benötigten nachgiebigen Elemente, sondern direkt über eine mit dem Fügeteil quasi starr verbundene Kugeloberfläche, wobei der Kugelmittelpunkt mit der Stirnseite des Fügeteils zusammenfällt und im Drehpunkt liegt. Dadurch ist gewährleistet, daß die Wirkungslinie der Fügekraft stets durch diesen Punkt verläuft /56, 57/. Hieraus resultieren eine um den Faktor 20 höhere Lateral- und Angularnachgiebigkeit bei einer um den Faktor 100 höheren Axialsteifigkeit im Vergleich zu herkömmlichen RCC-Systemen. Bild 5.8 zeigt das Funktionsprinzip des Toleranzausgleichsmoduls und seine Realisierung in Form eines Funktionsmoduls.

## 5.3 Lösungskonzepte für das Kontrollsystem

Durch die Verwendung eines Werkzeugs mit pneumatisch-schlagendem Antrieb ergeben sich für die Prozeßüberwachung folgende Zusatzanforderungen:

- Überwachung des Fügewegs ohne dauernde starre Verbindung des Wirkorgans zur Kraftübertragung (Schlagstößel) mit dem Fügeteil,
- Überwachung der Fügekraft bzw. Fügeenergie bei zeitlich inkonstanten Prozeßgrößen (Stoßkräfte).

Aufgrund des ungeklärten Zusammenhanges zwischen diesen Stoßkräften (Massenkräfte, Verformungen etc.) und der erforderlichen quasistatischen Einpreßkraft wird nicht die Fügekraft F zur Prozeßüberwachung verwendet, sondern der vom Fügeteil zurückgelegte Relativweg (Weg pro Schlag) $\Delta z$.
Die grundsätzlich möglichen Verfahren zur Überwachung des pro Schlag durch den Pneumatikhammer zurückgelegten Wegs des Fügeteils $\Delta z$ in Abhängigkeit vom Fügeweg z beruhen alle auf dem gemeinsamen Prinzip, daß der aktuelle Meßwert einen vorgegebenen Minimal- oder Maximalwert nicht unter- bzw. überschreiten darf, damit der Prozeß erfolgreich ist; die Verfahren unterscheiden sich dagegen in dem betrachteten Bereich, in dem die formulierte Minimal- oder Maximalbedingung gültig sein muß.

| Verfahren zur Prozess-überwachung / Kriterien | Gewichtung | Schwellwert-verfahren | Differenzwert-verfahren | Toleranzfenster-verfahren | Hüllkurven-verfahren |
|---|---|---|---|---|---|
| | | für $z = z_i$ gilt: $\Delta z > \Delta z_{min}$ bzw. $\Delta z < \Delta z_{max}$ | für $z = z_i$ gilt: $\Delta z_{min} \le \Delta z \le \Delta z_{max}$ | für $z_j \le z_i \le z_k$ gilt: $\Delta z_{min} \le \Delta z \le \Delta z_{max}$ | für $0 \le z_i \le z_e$ gilt: $\Delta z_{min} \le \Delta z \le \Delta z_{max}$ |
| | | 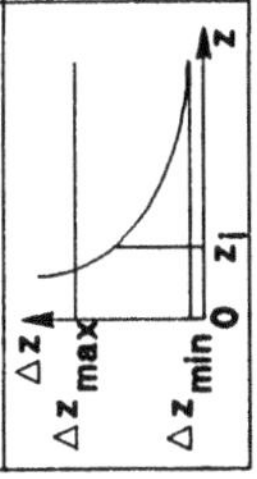  | 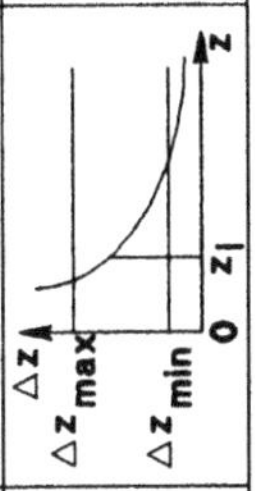  | 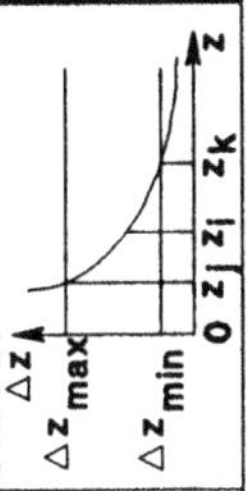  | 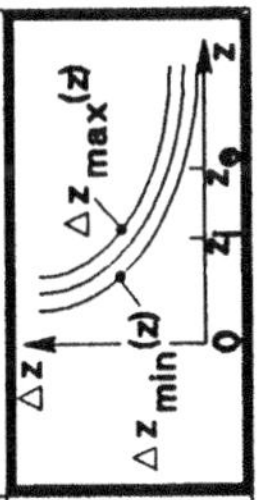  |
| Datenumfang | 3 | 4 | 4 | 2 | 1 |
| Verarbeitungs-aufwand | 5 | 4 | 4 | 2 | 1 |
| Genauigkeit | 10 | 1 | 2 | 3 | 4 |
| Versagensfälle erkennen | 8 | 1 | 1 | 2 | 4 |
| Versagensfälle klassifizieren | 7 | 1 | 1 | 2 | 3 |
| Störfallstrategien realisieren | 9 | 1 | 1 | 3 | 4 |
| Überwachungs-bereich | 10 | 1 | 2 | 3 | 4 |
| Komplexität | 4 | 4 | 4 | 3 | 1 |
| Kosten | 2 | 4 | 4 | 2 | 1 |
| Summe ( absolut ) | 58 | 21 | 23 | 22 | 23 |
| Summe ( gewichtet ) | | 1.6 | 2.0 | 2.5 | 3.2 |

Bild 5.9: Verfahren zur Prozeßüberwachung

Die so entwickelten Verfahren zur Überwachung des Einpreßprozesses bei schlagendem Antrieb sind in Bild 5.9 dargestellt. Daraus wird ersichtlich, daß das Toleranzfensterverfahren bzw. das Hüllkurvenverfahren die besten Lösungen für eine effiziente Prozeßüberwachung darstellen. Da zu jedem Zeitpunkt des Prozesses ein Versagensfall auftreten kann, ist eine kontinuierliche Prozeßüberwachung im gesamten Fügebereich notwendig; aufgrund der zusätzlich starken Änderung der Funktionswerte innerhalb eines festgelegten Intervalls muß auch die zulässige Toleranz der Streuung der einzelnen Meßwerte kontinuierlich variieren, was zur Verwendung des Hüllkurvenverfahrens als geeignetstem Konzept für die Prozeßüberwachung führt.

### 5.3.1 Wirkungsweise des ausgewählten Prinzips

Die Verwendung einer dynamischen Fügekraft führt zu einer starken Schwankung der absoluten Meßwerte, wobei sich jedoch ein charakteristischer Kurvenverlauf immer erkennen läßt. Deshalb ist die Verwendung von Sollwerten als Basis für die Beurteilung der Güte eines einzelnen Einpreßprozesses, die vor dem eigentlichen Fügeprozeß beispielsweise durch Stichprobennahme ermittelt wurden, nicht geeignet, sondern der Kurvenverlauf muß auf der Basis von Meßwerten, die während des jeweiligen Fügeprozesses entstehen, erfaßt werden. Aus diesem Grund erzeugt das entwickelte Verfahren auf der Basis des tatsächlich gemessenen Wegs pro Schlag während des Fügeprozesses ein Toleranzband (Hüllkurve), innerhalb dessen sich die Meßwerte bewegen müssen, damit der Prozeß erfolgreich ist. Zur Berücksichtigung der möglichen zunehmenden Abweichungen der Meßwerte von den durch das Toleranzband vorgegebenen Sollwerten mit zunehmender Fügetiefe wird der zulässige Toleranzbereich für die Weg/Schlag($\Delta z$)-Werte sukzessive vergrößert; dadurch nimmt das Toleranzband die Form einer "Schere" an (Bild 5.10).

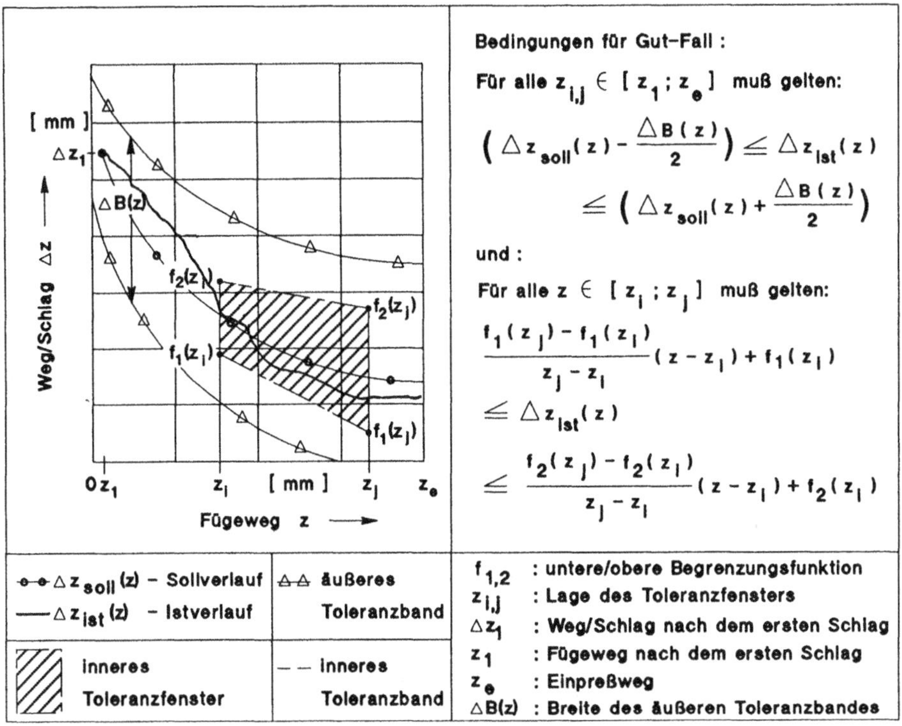


Bild 5.10: Funktionsprinzip der Prozeßüberwachung

Bei der Umsetzung wird dabei mehrstufig vorgegangen: Auf der Basis des theoretisch ermittelten Kurvenverlaufs wird mit Hilfe der ersten $\Delta z$-Werte die Lage des vorliegenden Fügefalls im Toleranzband ermittelt und so die für diesen Fügefall gültige äußere "Toleranzschere" erzeugt. Zur Erhöhung der Genauigkeit werden während des Fügeprozesses laufend neue Schwellwerte auf der Basis des bisherigen Kurvenverlaufs durch Extrapolieren generiert; die zuletzt erfaßten Meßwerte werden dabei stärker gewichtet als zeitlich länger zurückliegende Werte. Damit wird zusätzlich zur äußeren Hüllkurve eine innere Hüllkurve erzeugt, die sich aus der Aneinanderreihung der so erzeugten Schwellwerte ergibt; für einen einwandfreien Prozeßverlauf müssen die Meßwerte wiederum auch innerhalb dieses Toleranzbandes liegen /58/.

Die beim Einpressen relevanten Versagensfälle lassen sich mit diesem Verfahren erkennen und klassifizieren, wobei folgende Fälle zu unterscheiden sind (Bild 5.11):

| Versagensfälle / Merkmale | Kein Eindringen | | | Durchrutschen | | Kaltverschweißen | | Spanbildung | | |
|---|---|---|---|---|---|---|---|---|---|---|
| | 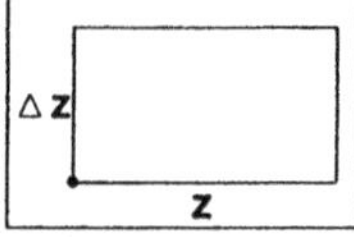 | | | 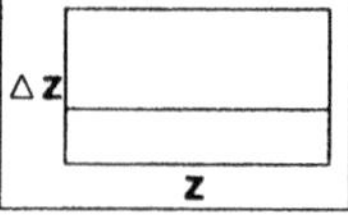 | | 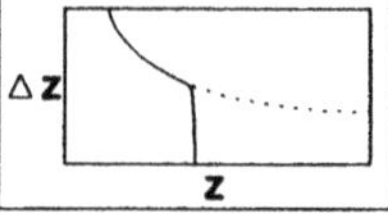 | | 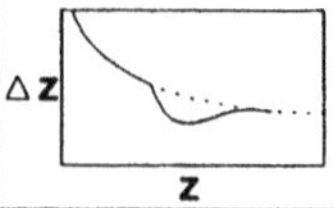 | | |
| Klassifizierung | $\Delta z(z) = 0$ | | | $\Delta\dot{z}(z) = 0$ | | $\Delta\dot{z}(z) \to -\infty$ | | $\Delta\dot{z}(z) \to 0$ | | |
| Versagensursache | Bohrung fehlt | Bohrung zu klein | Positionierfehler zu groß | Bohrung zu groß | Schmierung zu groß | Bohrung zu klein | Schmierung zu klein | Bohrung zu klein | Bohrung konisch | Angularfehler zu groß |
| Einflußparameter | $D_F$ | U | $\varphi, \delta$ | $U, Q_A$ | $R_z, \mu$ | $Q_A, R_z, \mu$ | $\mu, R_z$ | $\mu, R_z$ | p | $\varphi$ |
| Zeitpunkt des Eintretens | z = 0 | | | variabel | | variabel | | $z \approx 0{,}3 \cdot z_e$ | variabel | $z \approx 0{,}1 \cdot z_e$ |

$D_F$ : Fugendurchmesser
$Q_A$ : Durchmesserverhältnis
$R_z$ : Rauhtiefe
U : Übermaß
z : Fügeweg
$z_e$ : Einpreßweg
$\Delta z$ : Weg/Schlag
$\Delta\dot{z}$ : 1. Ableitung von $\Delta z$
$\delta$: Lateralversatz
$\varphi$: Angularversatz
p: Fugendruck
$\mu$: Reibwert

Bild 5.11: Versagensfälle beim Einpressen und ihre Klassifizierung

Kein Eindringen

Das Fügeteil kann nicht in das Basisteil gefügt werden, so daß keine Preßverbindung erzeugt werden kann.

Durchrutschen

Zwischen Füge- und Basisteil herrscht keine ausreichend hohe Flächenpressung, um eine sichere Preßverbindung zu erzeugen.

Kaltverschweißen (Fressen)

Fressen ist eine Form des Adhäsionsverschleißes, der dadurch entsteht, daß zwei mit einer Normalkraft gegeneinander gepreßte Körper an einzelnen Kontaktstellen infolge plastischer Verformung verschweißen und diese Mikroverschweißungen bei einer erzwungenen Relativbewegung abgeschert werden.

Spanbildung

Besteht ein Winkel zwischen Füge- und Basisteil und werden diese relativ zueinander bewegt, so entspricht dies dem Fertigungsverfahren Spanen, d.h. der Fügepartner aus dem härteren Werkstoff schabt am Fügepartner mit dem weicheren Material Späne ab.

# 6 Erprobung der Funktionsmodule

## 6.1 Versuchsaufbau zur Erprobung des Hammermoduls

### 6.1.1 Auslegung des entwickelten Funktionsmoduls

Zur Auslegung des Funktionsmoduls im Rahmen einer flexibel automatisierten Einpreßzelle sind zwei Parameter maßgebend:

- die bereitgestellte Fügeenergie
- die maximale Stoßkraft.

Für die Ermittlung der Fügeenergie $W_i$ ergibt sich unter Verwendung von Energieerhaltungssatz, Impulserhaltungssatz und linearer Stoßtheorie der in Bild 6.1 dargestellte Zusammenhang. Die maximale Stoßkraft $F_{max}$ ermittelt sich nach /59/ für Stoßpartner gleichen Werkstoffs zu dem ebenfalls in Bild 6.1 formulierten Zusammenhang.

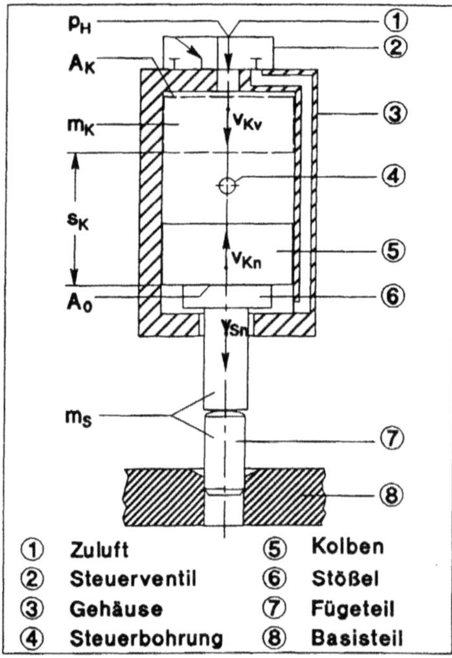


$$W_i = \frac{m_S}{m_K} \cdot \left[ \frac{1+\varepsilon}{1+\frac{m_S}{m_K}} \right]^2 \cdot p_H \cdot A_K \cdot s_K \cdot \eta_H$$

$$F_{max} = \frac{a}{1+a} \cdot \frac{E \cdot A_0}{v_0} \cdot \sqrt{\frac{2 \cdot p_H \cdot A_K \cdot s_K}{m_K} \cdot \eta_H}$$

| | |
|---|---|
| $A_K$ | : Kolbenfläche |
| $A_0$ | : Stoßfläche |
| $E$ | : Elastizitätsmodul |
| $a$ | : Querschnittsverhältnis |
| $m_K$ | : Kolbenmasse |
| $m_S$ | : Stößel- und Fügeteilmasse |
| $p_H$ | : Hammerdruck |
| $s_K$ | : Beschleunigungsstrecke |
| $v_0$ | : Phasengeschwindigkeit von Längswellen |
| $v_{Kv/n}$ | : Kolbengeschwindigkeit vor/nach dem Stoß |
| $v_{Sv/n}$ | : Stößelgeschwindigkeit vor/nach dem Stoß |
| $\varepsilon$ | : Stoßziffer |
| $\eta_H$ | : Hammerwirkungsgrad |

Bild 6.1: Ermittlung von Fügeenergie und Stoßkraft beim pneumatischen Schlagantrieb

### 6.1.2 Beschreibung des Versuchsaufbaus

Zur Überprüfung der analytisch ermittelten Zusammenhänge und der Einsatzbereiche des entwickelten Pneumatikhammers wurde folgender Versuchsaufbau realisiert (Bild 6.2):

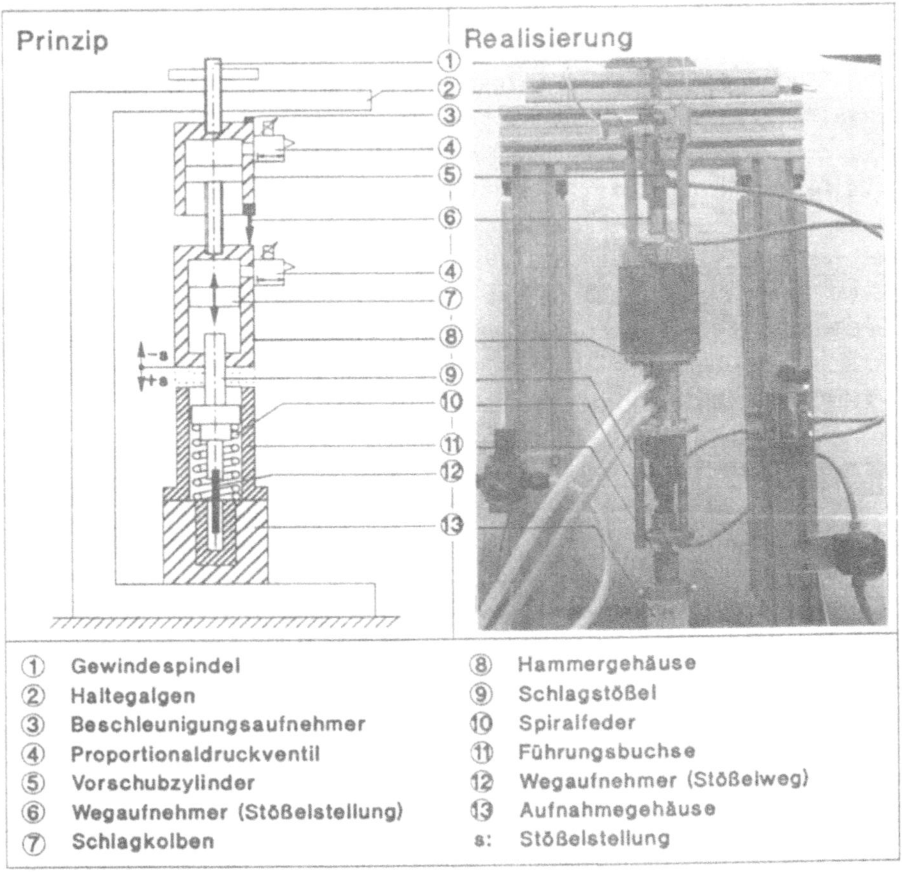


Bild 6.2: Versuchsaufbau zur Funktionserprobung des Pneumatikhammers

Der Pneumatikhammer wurde über einen pneumatischen Vorschubzylinder zur Erzielung variabler Anpreßkräfte $F_a$ an einem Haltegalgen befestigt und mit Hilfe eines Druckregelventils mit unterschiedlichen Betriebsdrücken $p_H$ beaufschlagt. Mit Hilfe einer Gewindespindel und eines Wegaufnehmers wurden unterschiedliche Stellungen s des Schlagstößels relativ zum Gehäuse und damit zum Auftreffpunkt mit dem Schlagkolben realisiert. Der Schlagstößel stieß im Betrieb auf einen direkt mit einem Wegaufnehmer verbundenen federnd gelagerten Aufnehmer, so daß mit Hilfe des gemessenen Federwegs und der bekannten Federkonstante die vom Pneumatikhammer abgegebene Energie pro Schlag $W_i$ näherungsweise ermittelt werden konnte. Zur Ermittlung der tatsächlichen Arbeitsfrequenz $f_H$ des Pneumatikhammers und der an der Einspannung des Hammers auftretenden Beschleunigung wurde am Haltegalgen ein Beschleunigungssensor angebracht und über eine entsprechende Auswerteeinheit die benötigten Daten ermittelt.

### 6.1.3 Erkenntnisse aus den Versuchen

Wie aus Bild 6.3 zu erkennen ist, besteht ein Zusammenhang zwischen der vom Hammer übertragenen Energie und der Lage des Schlagstößels relativ zum Schlagkolben. Der Schlagstößel weist zur Aufnahme bzw. Abgabe des ihm durch den Kolben zugeführten Impulses einen funktionsbedingten Freiheitsgrad in vertikaler Richtung auf. Durch Verschiebung in axialer Richtung um den Betrag s ändert sich somit der Berührpunkt mit dem Schlagkolben und durch Veränderung der Kolbenbeschleunigungsstrecke $s_K$ auch die dem Schlagstößel zugeführte Energie $W_i$. Bei dem hier verwendeten Pneumatikhammer wird der maximale Betrag der Energieübertragung $W_i$ nur für eine definierte Stößelstellung erzielt; in allen übrigen Stellungen sind deutliche Energieverluste zu verzeichnen. Für den praktischen Einsatz des Pneumatikhammers bedeutet dies die Notwendigkeit der meßtechnischen Erfassung der tatsächlichen Stößellage s und gegebenenfalls deren Regelung beispielsweise über die Anpreßkraft $F_a$.

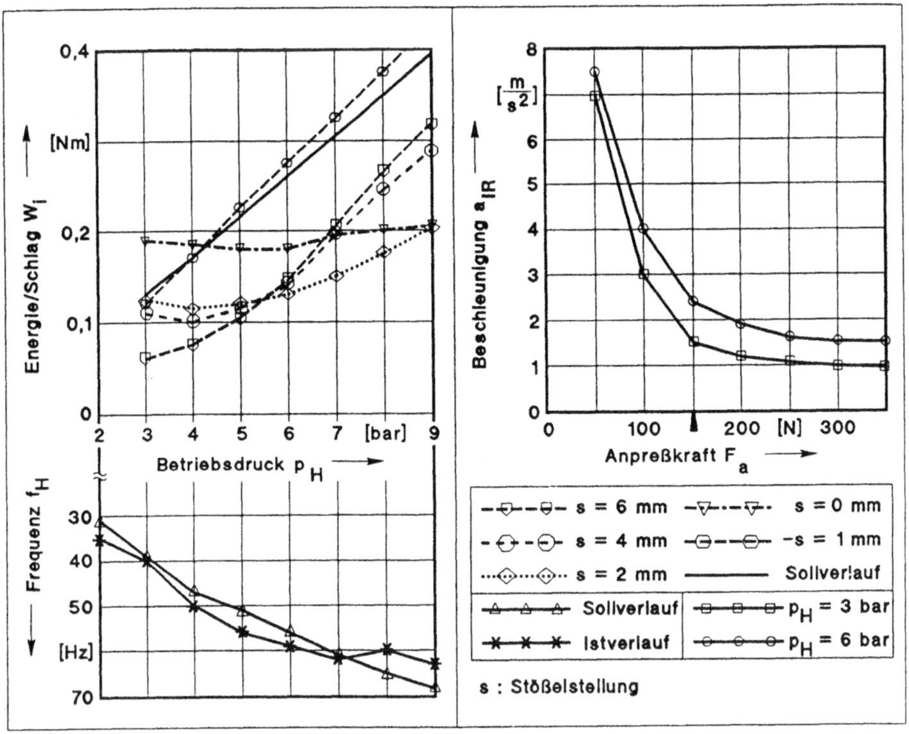


Bild 6.3: Einfluß unterschiedlicher Betriebsparameter auf den Pneumatikhammer

Der Zusammenhang zwischen der am Industrieroboter wirksamen Beschleunigung $a_{IR}$ als Maß für dessen Beanspruchung und dem statischen Anteil der Reaktionskraft bzw. Anpreßkraft $F_a$ ist ebenfalls in Bild 6.3 dargestellt.
Daraus wird ersichtlich, daß eine signifikante Reduzierung der wirksamen Beschleunigung $a_{IR}$ erst ab Erreichen einer bestimmten Anpreßkraft $F_a$ ($F_a$ > 150 N) erreicht werden kann; eine weitere Erhöhung der Anpreßkraft führt zu keiner nennenswerten Reduzierung der Beschleunigungsamplitude. Dabei muß bei den hier ermittelten Absolutwerten der im Versuch realisierte vertikale Fügefall berücksichtigt werden; beim raumschrägen Fügen muß die Anpreßkraft in Abhängigkeit von der Raumlage und dem Gesamtgewicht des Prozeßwerkzeugs zusätzlich variiert werden.

### 6.1.4 Umsetzung und Optimierung

Wesentlich bei der Auswahl eines Hammerantriebs ist die entsprechende Dimensionierung für einen definierten Einsatzbereich.

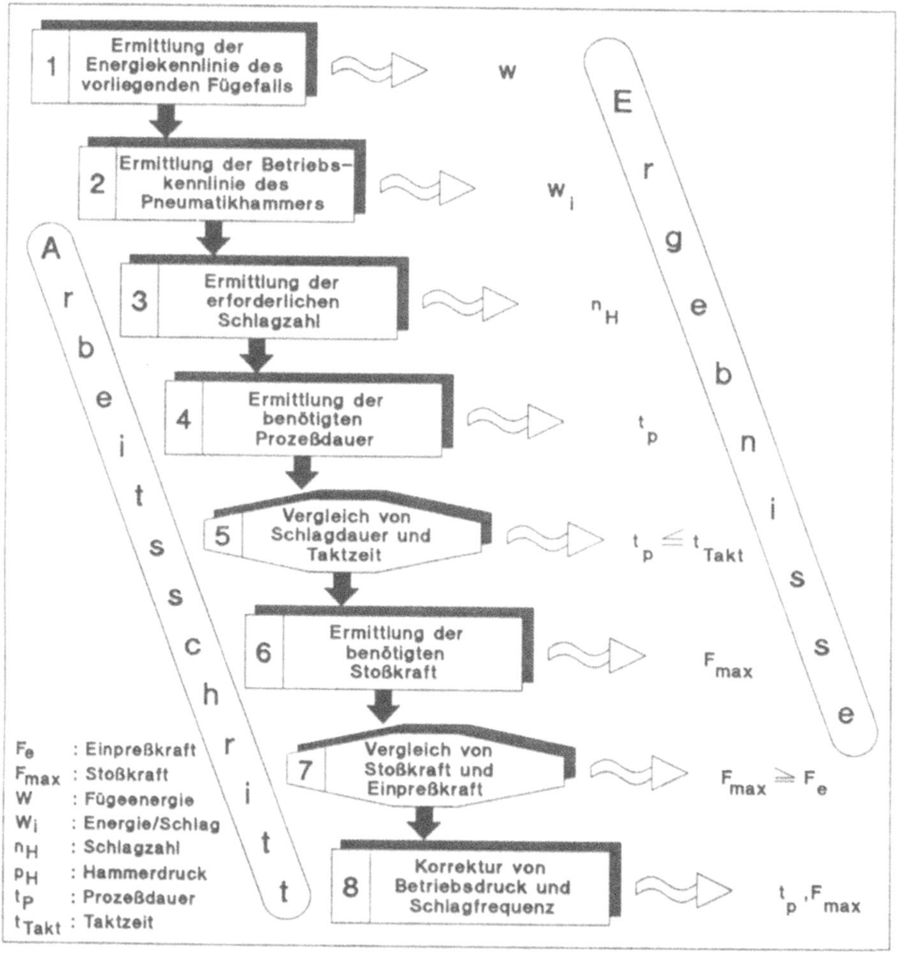


**Bild 6.4:** Arbeitsschritte zur Hammerdimensionierung

Neben der notwendigen <u>Fügekraft</u> ist dabei vor allem die durch die erforderliche Schlagzahl und die jeweilige Arbeitsfrequenz festgelegte <u>Schlagdauer</u> als Maß für die Prozeßzeit eine wichtige Dimensionsgröße.
In Bild 6.4 sind die einzelnen Schritte zur Dimensionierung eines Pneumatikhammers für den Einsatz in einem Industrieroboterwerkzeug dargestellt.

## 6.2 Versuchsaufbau zur Erprobung des Schwingungsisolationsmoduls

### 6.2.1 Auslegung des entwickelten Funktionsmoduls

Das Funktionsmodul zur Schwingungsisolation (MFD-Modul), welches zwischen Industrieroboter und Prozeßwerkzeug angebracht wird, muß neben dem dynamischen, die Schwingungen verursachenden Anteil der Reaktionskraft, auch deren statischen Anteil aufnehmen. Zur Dimensionierung des Moduls ist vor allem die Federsteifigkeit $c_{MFD}$ maßgeblich, welche sich unter Vernachlässigung des Federanteils der Gummimembran und für kleine Verformungen derselben wie folgt berechnet (Bild 6.5):

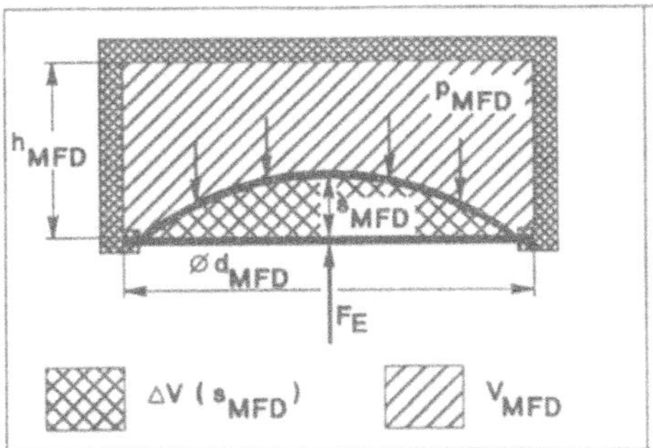


$$c_{MFD} = \frac{d\,p_{MFD}}{d\,s_{MFD}} \cdot A_{MFD}$$

$$p_{MFD} \cdot V_{MFD}^{\,n} = \text{konstant (ideales Gas)}$$

$$V_{MFD} = V_0 - \Delta V\,(s_{MFD})$$

$$V_0 = \frac{\pi}{4} \cdot d_{MFD}^{\,2} \cdot h_{MFD}$$

$$\frac{d\,\Delta V\,(s_{MFD})}{d\,s_{MFD}} = \frac{\pi}{6} \cdot \left(\frac{3}{4} \cdot d_{MFD}^{\,2} + 3 \cdot s_{MFD}^{\,2}\right)$$

| | | | |
|---|---|---|---|
| MFD | : Masse-Feder-Dämpfer | $c_{MFD}$ | : Federsteifigkeit des MFD-Moduls |
| $A_{MFD}$ | : Fläche des MFD-Moduls | $d_{MFD}$ | : Durchmesser des MFD-Moduls |
| $V_{MFD}$ | : Volumen des MFD-Moduls | $h_{MFD}$ | : Höhe des MFD-Moduls |
| $F_E$ | : Erregerkraft | $p_{MFD}$ | : Betriebsdruck des MFD-Moduls |
| n | : Polytropenexponent | $s_{MFD}$ | : Federweg des MFD-Moduls |

<u>Bild 6.5:</u> Ermittlung der Federsteifigkeit des MFD-Moduls

$$c_{MFD} = \frac{dF_{MFD}}{ds_{MFD}} = \frac{d(p_{MFD} \cdot A_{MFD})}{ds_{MFD}} = \frac{dp_{MFD}}{ds_{MFD}} \cdot A_{MFD} \qquad (11)$$

Unter Verwendung der in Bild 6.5 aufgestellten Zusammenhänge ergibt sich folgende Beziehung:

$$c_{MFD} = \frac{1}{2} \cdot n \cdot p_{MFD} \cdot \frac{A_{MFD}^{2}}{V_{MFD}} \qquad (12)$$

MFD: Masse-Feder-Dämpfer
$A_{MFD}$: wirksame Fläche
$F_{MFD}$: Normalkraft
$V_{MFD}$: wirksames Volumen
$c_{MFD}$: Federsteifigkeit
n: Polytropenexponent
$s_{MFD}$: Federweg
$p_{MFD}$: Betriebsdruck

Dies bedeutet, daß sich durch Veränderung von Betriebsdruck $p_{MFD}$ und/oder Arbeitsvolumen $V_{MFD}$ die Federsteifigkeit $c_{MFD}$ des MFD-Moduls variieren läßt, was eine Veränderung von dessen Eigenfrequenz $\omega_{MFD}$ ($c_{MFD}$) und damit über das Frequenzverhältnis $\eta$ ($\omega_{MFD}$) auch eine Veränderung der Übertragungsfunktion $V_T(\eta)$ zur Folge hat. Dadurch kann das MFD-Modul an unterschiedliche Erregerfrequenzen des Prozeßwerkzeugs bzw. an unterschiedliche Eigenfrequenzen des verwendeten Industrieroboters angepaßt werden (Bild 6.6).

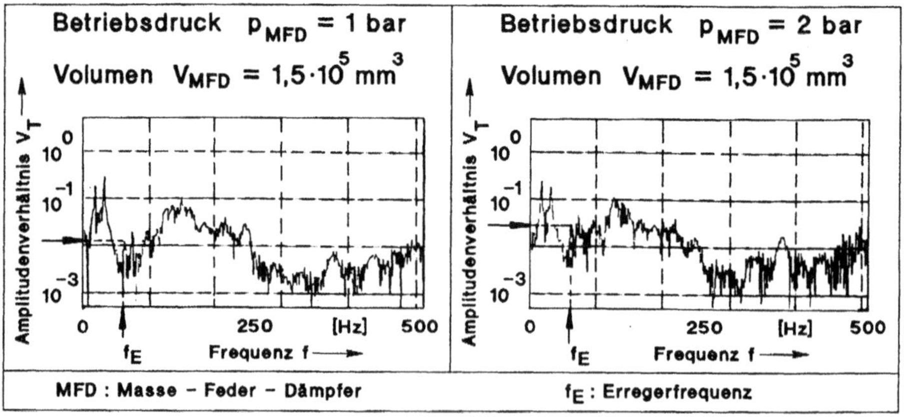


**Bild 6.6:** Übertragungsfunktionen des MFD-Moduls für unterschiedliche Betriebsparameter

### 6.2.2 Beschreibung des Versuchsaufbaus

An der Handachse eines Horizontalknickarmroboters wurde das entwickelte MFD-Modul zwischen Industrieroboter und Pneumatikhammer angebracht. Um den Einfluß der zu erwartenden größeren Masse eines Komplettwerkzeugs zu berücksichtigen, wurde das Hammermodul mit einer entsprechenden Zusatzmasse versehen. Zur Erfassung der vom Pneumatikhammer erzeugten und der auf den Industrieroboter übertragenen Schwingungen wurden mit Hilfe von Beschleunigungsaufnehmern am Pneumatikhammer und am Industrieroboterflansch die resultierenden Beschleunigungen erfaßt und über ein digitales Signalanalysesystem (GenRad GR 2505) ausgewertet (Bild 6.7).

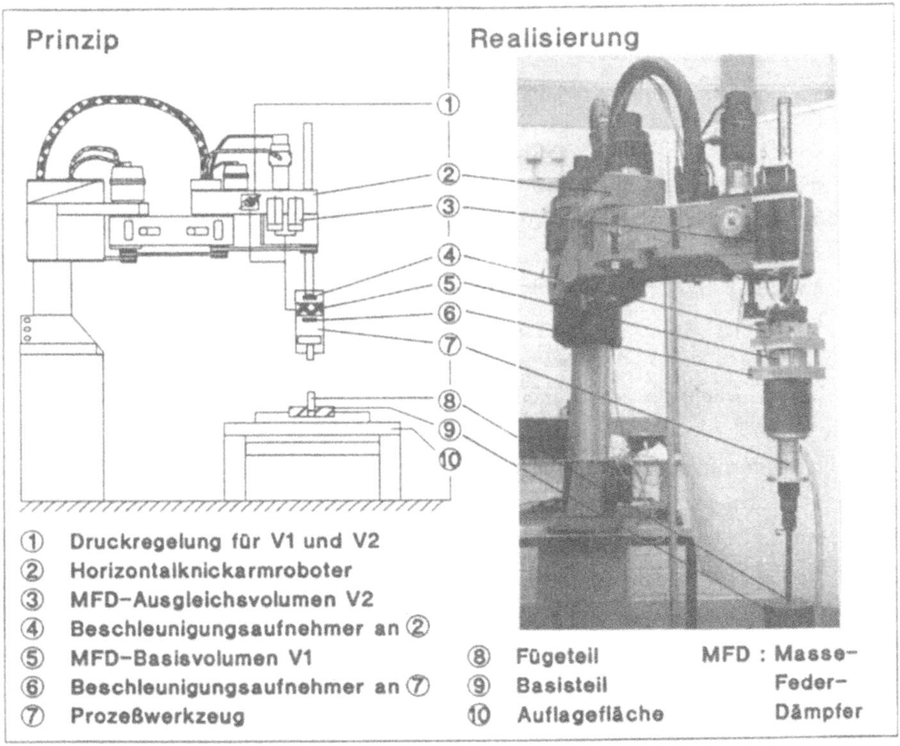


**Bild 6.7:** Versuchsaufbau zur Funktionserprobung des MFD-Moduls

Die Übertragungsfunktion $V_T$ des Systems Pneumatikhammer mit MFD-Modul und Industrieroboter wurde über das Verhältnis der Beschleunigungen $a_{IR}$ am Industrieroboterflansch und $a_E$ am Pneumatikhammer ermittelt. Zur Beurteilung der Wirksamkeit des MFD-Moduls wurde die Übertragungsfunktion $V_T$ jeweils mit und ohne MFD-Modul ermittelt; dazu wurde dieses mit Hilfe der eingebauten Führungen "auf Block" gefahren und somit eine quasi starre Verbindung zwischen Pneumatikhammer und Industrieroboter realisiert.

### 6.2.3 Erkenntnisse aus den Versuchen

In Bild 6.8a sind die Zeitsignale der an der Industrieroboterhandachse und der am Pneumatikhammer gemessenen Beschleunigungswerte beim Einsatz mit und ohne MFD-Modul einander vergleichend gegenübergestellt.

Ohne Verwendung des MFD-Moduls werden die vom Pneumatikhammer erzeugten Beschleunigungen nahezu vollständig auf den Industrieroboter übertragen; die Verwendung des MFD-Moduls führt hingegen zu einer Reduzierung der auf den Industrieroboter wirkenden Beschleunigung um den Faktor 20.

In Bild 6.8b sind die mit Hilfe einer FFT (Fast-Fourier-Transformation)-Analyse ermittelten Frequenzspektren des Pneumatikhammers und des Industrieroboters zusammen mit der resultierenden Übertragungsfunktion $V_T$ dargestellt. Hieraus wird nicht nur ersichtlich, daß das MFD-Modul im Bereich der Grundschwingung des Pneumatikhammers ($f_H = f_E = 60$ Hz bei $p_H = 6$ bar) eine sehr gute Isolationswirkung zeigt ($V_T \approx 10^{-2}$), sondern vor allem auch im Bereich der für die Auslenkung der Industrieroboterkinematik maßgeblichen ersten Eigenfrequenz des Industrieroboters ($f_{0IR} = 17$ Hz) /60/ und somit dessen Beschädigung vermeidet.

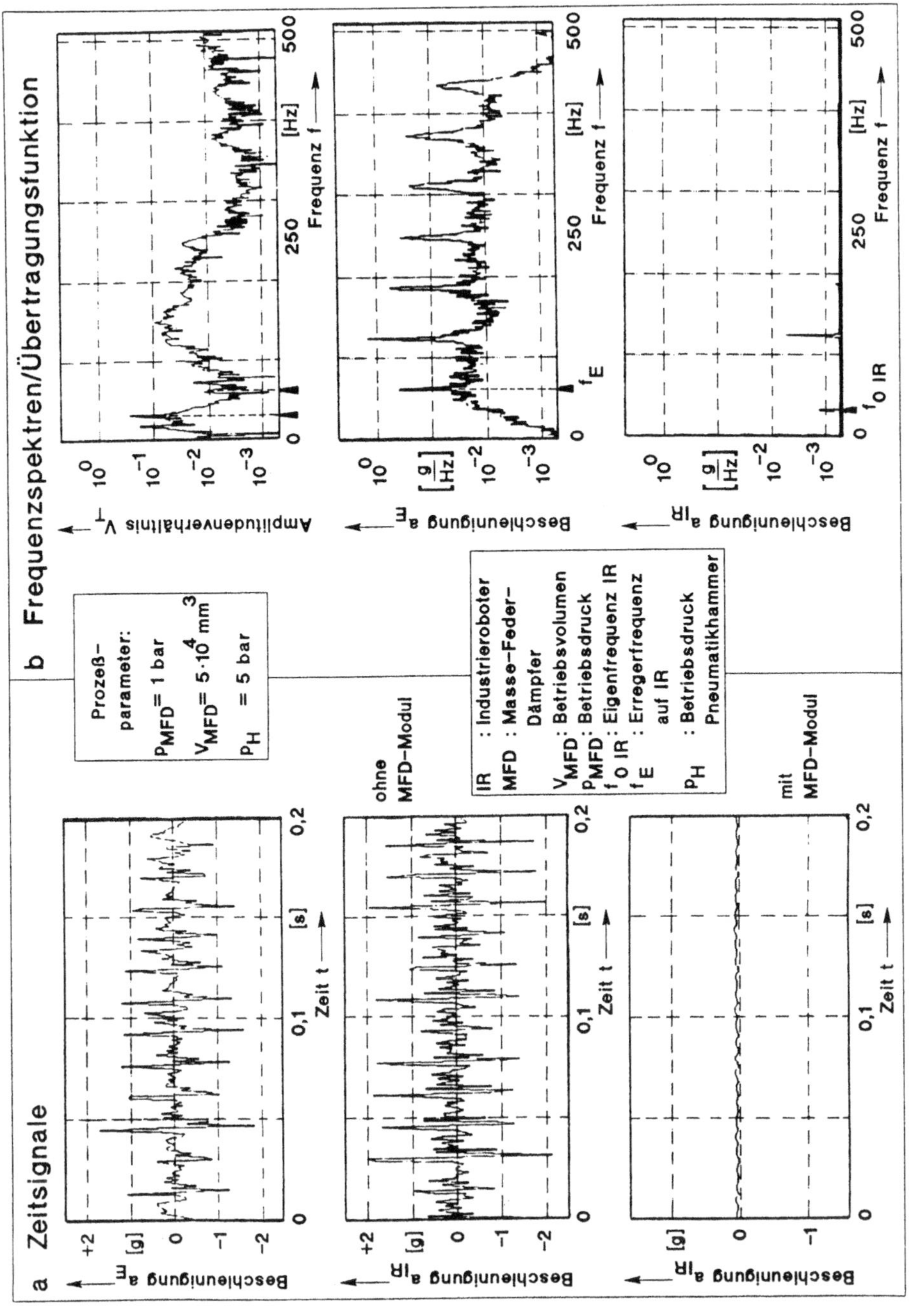


<u>Bild 6.8:</u> Auswirkungen des MFD-Moduls

### 6.2.4 Umsetzung und Optimierung

Die Auswahl und Realisierung des beschriebenen MFD-Moduls erfolgte auf der Basis folgender vereinfachender Annahmen:

- Modellierung des Industrieroboters als unendlich große Masse
- Idealverhalten des MFD-Moduls als elastisch angekoppelter Dämpfer.

Die Kompensation der daraus resultierenden Abweichungen des realen Schwingungsverhaltens des Gesamtsystems ist durch die Regelbarkeit der Betriebsparameter Druck und Volumen des MFD-Moduls möglich.

Dazu wird das MFD-Modul mit Hilfe der experimentell ermittelten Übertragungsfunktion über seine Betriebsparameter optimal auf den jeweiligen Anwendungsfall abgestimmt. Dies geschieht durch die Verschiebung der Übertragungsfunktion dahingehend, ein minimales Übertragungsverhältnis für die Frequenzbereiche zu erzielen, wo entweder

- der verwendete Industrieroboter eine Eigenfrequenz aufweist oder
- eine Maximalamplitude der Erregerkraft durch das Prozeßwerkzeug auftritt.

Dies führt für jeden speziellen Fügefall zu einem Parametersatz des MFD-Moduls für jeden Raumpunkt eines ausgewählten Industrieroboters bei einer definierten Belastung, welche automatisch am MFD-Modul über die Prozeßsteuerung eingestellt werden kann.

Bild 6.9 stellt den detaillierten Ablauf für diese Anwendungsoptimierung anhand einer Arbeitsschrittfolge dar.

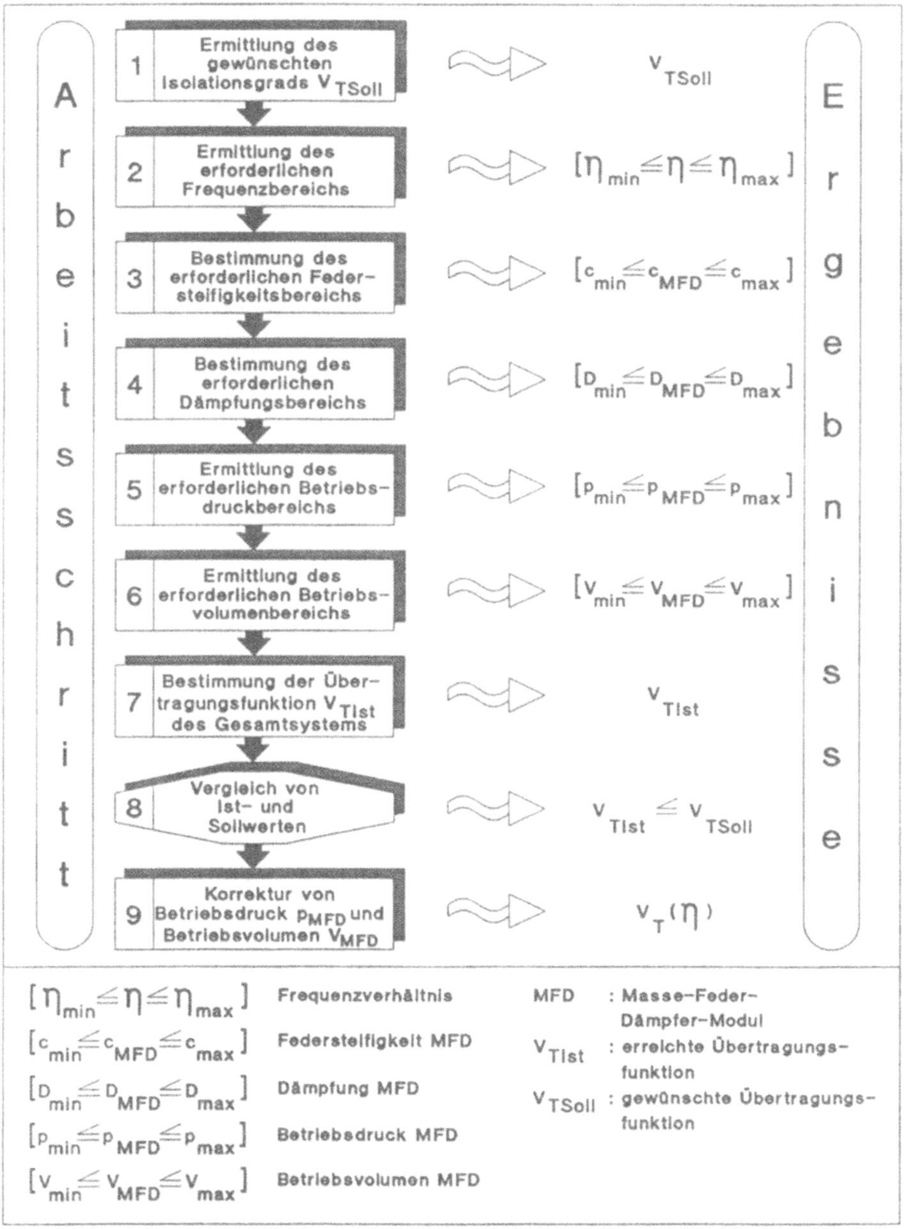


<u>Bild 6.9:</u> Vorgehensweise bei der Anpassung des MFD-Moduls

## 6.3 Versuchsaufbau zur Erprobung des Toleranzausgleichsmoduls

### 6.3.1 Auslegung des entwickelten Funktionsmoduls

Bei der Auslegung des Toleranzausgleichsmoduls (TAM) muß eine Optimierung erzielt werden bezüglich der beiden einander widersprechenden Anforderungen

- maximal zulässige Angularsteifigkeit $k^*_{TAM}$ zum Ausgleich großer Angularfehler $\varphi$
- Mindestangularsteifigkeit $k'_{TAM}$ zur Aufnahme der Gewichtskraft (vertikales Fügen) des Toleranzausgleichsmoduls bzw. des durch die Gewichtskraft verursachten Moments um den Drehpunkt beim raumschrägen Fügen nach Abschluß der Kontaktphase.

Damit ein Ausrichten des Fügeteils möglich ist, muß das in Kapitel 4 gemäß (1) bereits ermittelte Gesamtmoment M das durch die Federkraft der nachgiebigen Elemente im Toleranzausgleichsmodul verursachte rückstellende Moment $M^*_{TAM}$ zusätzlich überwinden, so daß gilt:

$$M = M_p + M_{fr} = \frac{E}{2} \cdot z \cdot \left(\frac{\pi \cdot \varphi}{12} \cdot z^2 - \mu \cdot D_F \cdot U\right) > M^*_{TAM} \qquad (13)$$

Das maximal zulässige Moment $M^*_{TAMmax}$ ergibt sich somit für ein gefordertes $\varphi_{Soll}$ für die maximal zulässige Fügetiefe $z_{max}$ nach (6) zu

$$M^*_{TAMmax} = \frac{E}{2} \cdot \left(\frac{8 \cdot D_F \cdot \sigma_B - 5\mu \cdot U \cdot E}{5 \cdot \mu \cdot E \cdot \varphi}\right) \cdot \left[\frac{\pi \cdot \varphi}{12} \cdot \left(\frac{8 \cdot D_F \cdot \sigma_B - 5\mu \cdot U \cdot E}{5 \cdot \mu \cdot E \cdot \varphi}\right)^2 - \mu \cdot D_F \cdot U\right] \qquad (14)$$

TAM: Toleranzausgleichsmodul
$D_F$: Fugendurchmesser
E: Elastizitätsmodul
$M_{fr}$: Moment durch Reibkräfte
$M_p$: Moment durch Fugendruck
U: Übermaß
z: Fügeweg
$\varphi$: Angularversatz
$\varphi_{max}$: maximal zulässiger Angularversatz
$\varphi_{Soll}$: minimal möglicher Angularversatz
$\varphi_{TAM}$: Winkelversatz des TAM
$\mu$: Reibwert
$\sigma_B$: Zugfestigkeit

Der daraus resultierende Zusammenhang zwischen $M^*_{TAM}$ und $\varphi$ ist in Bild 6.10a dargestellt. Für ein gefordertes $\varphi_{Soll}$ läßt sich $k^*_{TAM}$ ermitteln als Steigung derjenigen Kennlinie, welche für jeden Winkel $\varphi$ ein Moment $M^*_{TAM} < M^*_{TAMmax}$ liefert.
Die maximal zulässige Angularsteifigkeit ergibt sich für die Forderung $\varphi_{Soll} = \varphi_{max}$ als Steigung der Momentenkennlinie an der Stelle $\varphi = \varphi_{Soll} = \varphi_{max}$.

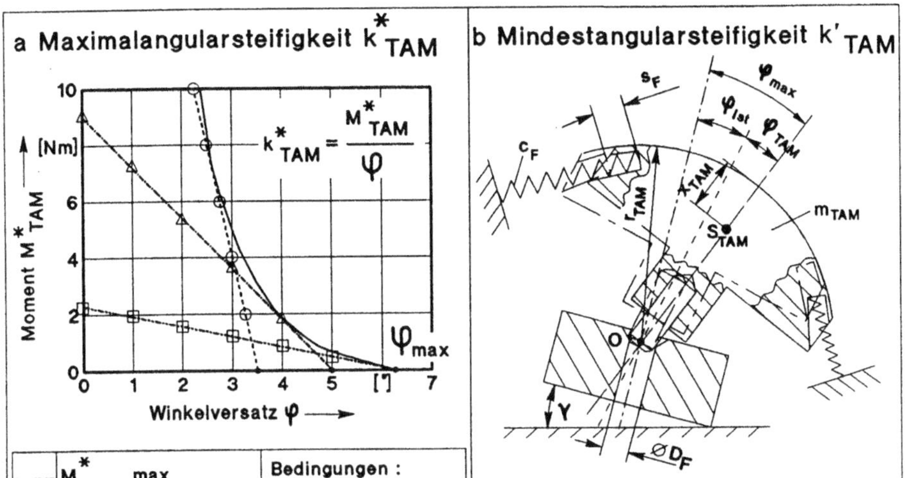


| | |
|---|---|
| —— | $M^*_{TAM}$ max |
| -⊖⊖- | $M^*_{TAM}$ ($\varphi_{Soll}$ = 3,5°) |
| -△△- | $M^*_{TAM}$ ($\varphi_{Soll}$ = 5°) |
| -⊞⊞- | $M^*_{TAM}$ ($\varphi_{Soll} = \varphi_{max}$) |

Bedingungen :

$D_F$ = 6,0 mm
U = 0,030 mm
$\mu$ = 0,1
$\sigma_B$ = 365 N/mm²
E = 210000 N/mm²

$$k'_{TAM} = \frac{m_{TAM} \cdot g \cdot (r_{TAM} - x_{TAM}) \cdot \sin\gamma}{\varphi_{max} - \varphi_{Ist}}$$

| | |
|---|---|
| —·—·— | Symmetrieachse Basisteil |
| - - - - - - | Symmetrieachse Werkzeug |
| —— —— | Symmetrieachse Fügeteil |

$D_F$ : Fugendurchmesser
E : Elastizitätsmodul
O : Drehpunkt
$S_{TAM}$ : Schwerpunkt des TAM
TAM : Toleranzausgleichsmodul
U : Übermaß
$c_F$ : Federkonstante
g : Erdbeschleunigung (9,81 m/s²)
$m_{TAM}$ : Masse des TAM
$r_{TAM}$ : Kugelradius des TAM
$s_F$ : Federweg
$x_{TAM}$ : Abstand zwischen Schwerpunkt und Federangriffspunkt des TAM
$\gamma$ : Raumwinkel des Basisteils
$\varphi_{TAM}$ : Winkelversatz des TAM
$\varphi_{Ist}$ : tatsächlicher Angularversatz
$\varphi_{max}$ : maximal zulässiger Angularversatz
$\varphi_{Soll}$ : minimal möglicher Angularversatz
$\mu$ : Reibwert
$\sigma_B$ : Zugfestigkeit

<u>Bild 6.10:</u> Ermittlung der Angularsteifigkeit des TAM

Die Mindestangularsteifigkeit $k'_{TAM}$ kann mit Hilfe der in Bild 6.10b dargestellten Verhältnisse ermittelt werden. Dies bedeutet, daß beim raumschrägen Fügen durch das "Ausknicken" der nachgiebigen Elemente aufgrund ihrer Angularnachgiebigkeit $k'_{TAM}$ die Summe aller in der Toleranzkette zulässigen Angularfehler $\varphi_{Ist}$ um den Betrag $\varphi_{TAM}$ reduziert wird.

### 6.3.2 Beschreibung des Versuchsaufbaus

Das entwickelte Toleranzausgleichsmodul wurde an einem pneumatischen Schlaghammer mit einer Arbeitsfrequenz $f_H$ von 30÷60 Hz und einer maximalen Schlagkraft $F_{max}$ von ca. 18 kN befestigt und damit Zylinderstifte nach DIN 6325 variablen Durchmessers in entsprechende Bohrungen mit variablem Untermaß eingeschlagen.

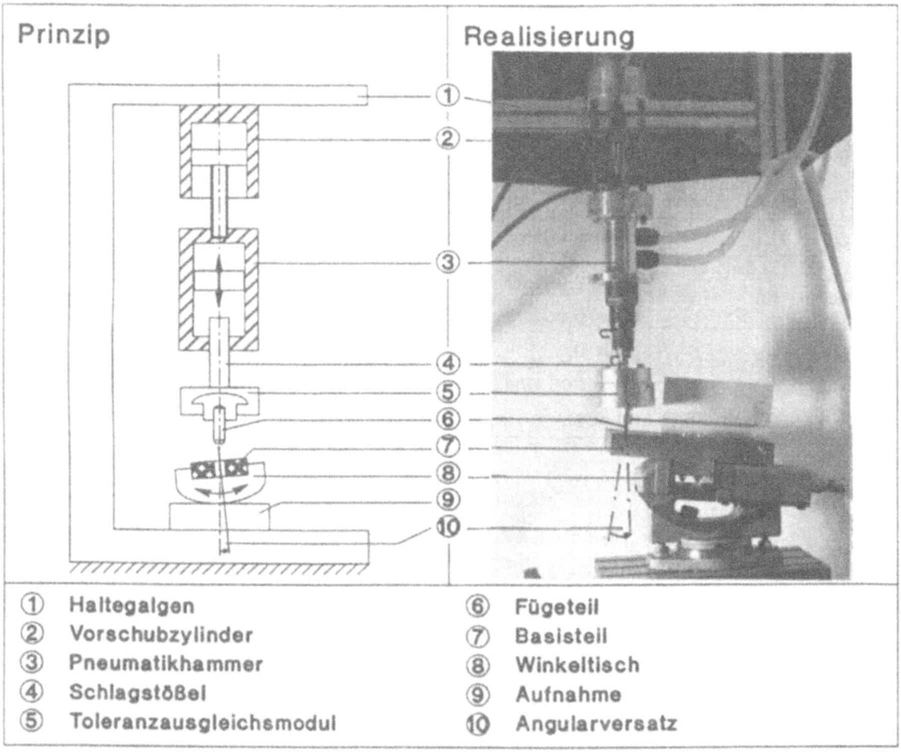


Bild 6.11: Versuchsaufbau zur Funktionserprobung des TAM

Zur Erzielung unterschiedlicher, definierter Winkelabweichungen $\varphi$ wurden die Basisteile in einem verstellbaren Winkeltisch eingespannt; die Erfassung des Fügewegs z erfolgte durch Messen der "Restlänge" des Fügeteils relativ zur Basisteiloberfläche nach jedem Impuls des Pneumatikhammers. Die erforderliche Axialbewegung zur Erzielung unterschiedlicher Fügewege wurde über einen pneumatischen Vorschubzylinder realisiert, wobei die einzelnen Komponenten dabei an einem starren Haltegalgen befestigt waren (Bild 6.11).

### 6.3.3 Versuchsdurchführung und Versuchsergebnisse

Das Fügeteil wurde dabei mit Hilfe des Pneumatikhammers und des Axialvorschubs über das Toleranzausgleichsmodul schlagend eingepreßt, wobei es sich während des Fügevorgangs kontinuierlich ausrichtete, bis nach Erreichen einer spezifischen Fügetiefe $z_A$ eine vollständige Kompensation des ursprünglichen Positionierfehlers $\varphi$ erfolgte.
Einzelne Phasen dieses Ausrichtprozesses sind in Bild 6.12 anschaulich festgehalten und durch einen am Fügeteil angebrachten Zeiger besser erkennbar gemacht.
Wie zu erkennen ist, wird der anfängliche Angularfehler $\varphi$ unter Verwendung des Toleranzausgleichsmoduls während des kontinuierlich sich fortsetzenden Fügeprozesses vollständig kompensiert und damit eine fehlerfreie Verbindung ermöglicht; die ermittelten Versuchsergebnisse wurden dabei für einen realisierten Angularfehler von $\varphi = 6°$ durchgeführt.
Der detaillierte Verlauf dieser Reduzierung des zu Beginn des Fügeprozesses bestehenden Angularversatzes $\varphi$ über der Fügetiefe z in Abhängigkeit prozeßinvarianter (z.B. Durchmesserverhältnis, Passung etc.) und prozeßvariabler (z.B. Anpreßkraft, Schmierung etc.) Einflußparameter ist in Bild 6.13 dargestellt.
Daraus geht hervor, daß das Fügen unterschiedlicher Fügeteildurchmesser im Rahmen der Auslegung des verwendeten Toleranzausgleichsmoduls ohne Einschränkungen möglich ist; wichtig dabei ist nur, daß Fügeteilstirnseite und Drehpunkt zusammenfallen.

Die Abweichungen des tatsächlichen Kurvenverlaufs vom analytisch ermittelten Kurvenverlauf (vgl. Bild 4.3) sind durch die vereinfachenden Annahmen bei der analytischen Ermittlung bedingt. Der insbesondere für kleine Kippwinkel $\varphi$ schneller erfolgende Ausgleich des Angularversatzes (d.h. $\varphi$ -> 0) wird durch die dem Fügeteil überlagerte Axialbewegung verursacht; dadurch sind die Reibkräfte während des Fügevorgangs gleichgerichtet, wodurch sich das hemmende Moment $M_{fr}$ reduziert; dieser Effekt blieb bei der theoretischen Ermittlung des $\varphi$-z-Verlaufs unberücksichtigt.

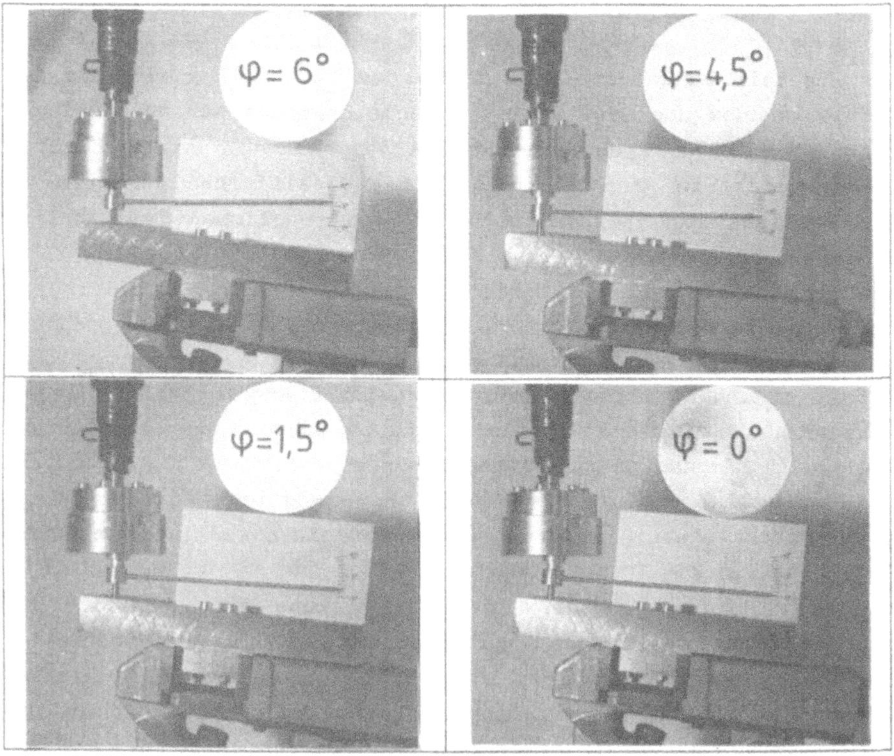


**Bild 6.12:** Einzelne Momentaufnahmen des Ausrichtprozesses

Der Einfluß der vorliegenden Passung ist jedoch deutlicher: bei einer engeren Passung ist eine größere Fügetiefe z erforderlich, bis der ursprünglich vorhandene Angularfehler $\varphi$ vollständig kompensiert wurde (Bild 6.13a).
Da der Ausrichtprozeß parallel zum eigentlichen Fügeprozeß vonstatten geht, hat die erforderliche Fügetiefe z bis zum Erreichen des vollständigen Ausrichtens keinen direkten Einfluß auf die Prozeßzeit. Diese kann allerdings durch die Erhöhung des Betriebsdrucks $p_H$ des Pneumatikhammers reduziert werden, was sich durch die Verringerung der Zahl der erforderlichen Impulse auf das Fügeteil niederschlägt; der Betrag der erforderlichen Fügetiefe z bleibt davon unberührt (Bild 6.13b).

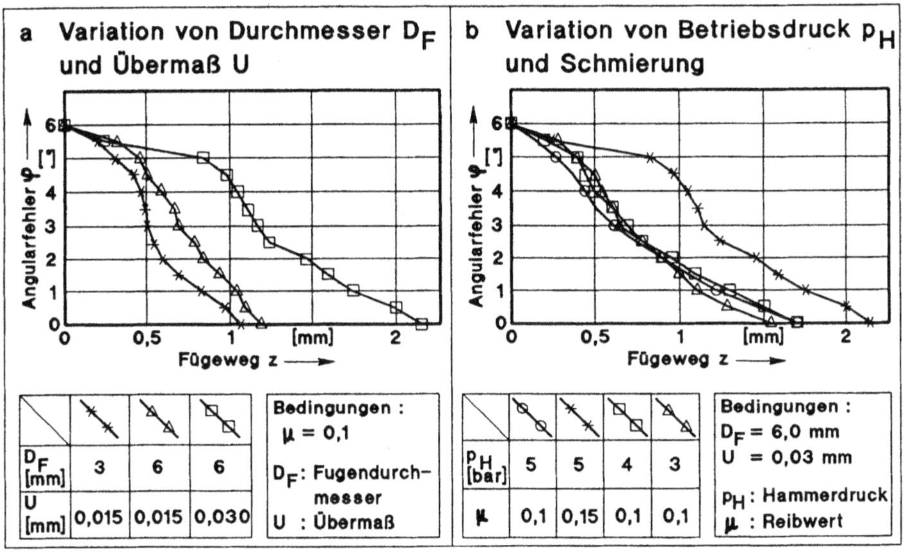


Bild 6.13: Verlauf des Ausgleichs von Angularfehlern bei Verwendung des TAM

### 6.3.4 Umsetzung und Optimierung

Die Auslegung des Toleranzausgleichsmoduls und die Ergebnisse aus den Versuchen zeigen, daß eine Vielzahl von Einflußparametern auf den Prozeß der Kompensation bestehender Positioniertoleranzen und damit letztlich auf die Dimensionierung des Toleranzausgleichsmoduls einwirken. Die schrittweise Berücksichtigung aller dieser Faktoren und die daraus resultierende Dimensionierung des Toleranzausgleichsmoduls ist in Bild 6.14 anhand eines Umsetzungsalgorithmus dargestellt. Der maximal zulässige Lateralfehler $\delta_{max}$ ist dabei nur von der Fasenbreite an Füge- und/oder Basisteil abhängig und wird bei einer zusätzlich aufgeprägten Relativbewegung zwischen Füge- und Basisteil in axialer Richtung in einen Angularfehler $\varphi$ umgewandelt.

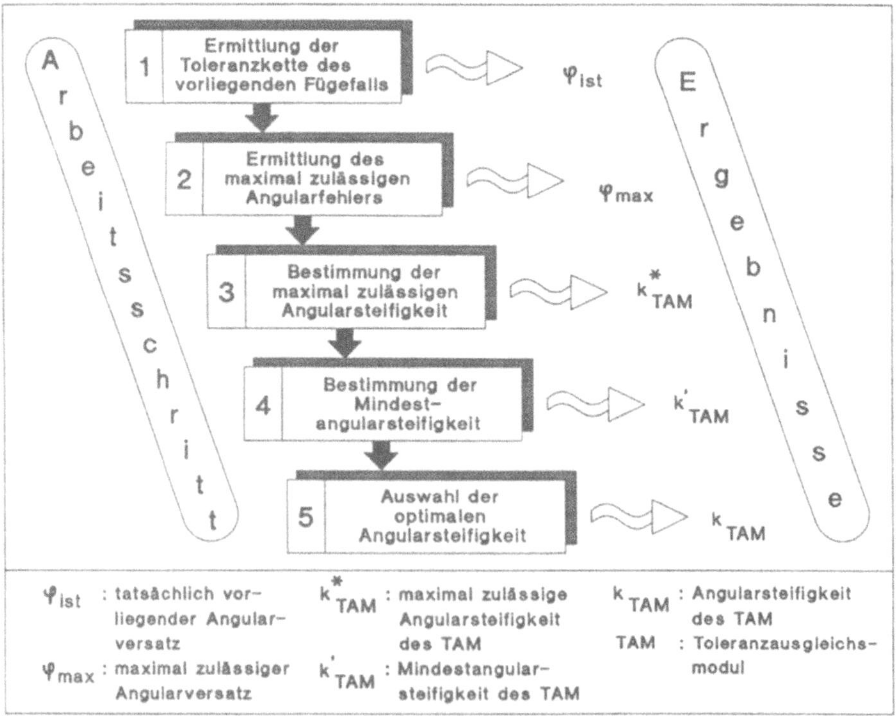


**Bild 6.14:** Vorgehensweise bei der Dimensionierung des TAM

## 6.4 Versuchsaufbau zur Erprobung des Verfahrens zur Prozeßüberwachung

### 6.4.1 Beschreibung des Versuchsaufbaus

Das entwickelte Verfahren zur Prozeßüberwachung wurde anhand des Einpressens von Zylinderstiften nach DIN 6325 in entsprechende Paßbohrungen mit Hilfe des in Kapitel 6.2 bereits beschriebenen Versuchsaufbaus erprobt. Der Absolutweg z des Fügeteils wurde mit Hilfe des induktiven Weggebers Typ DTA 25 D (Fa. Micro-Epsilon) am separaten Vorschub erfaßt; der Relativweg $\Delta z$ des Fügeteils wurde über den Weg des Schlagstößels des Hammermoduls mittels eines berührungslos arbeitenden Wirbelstromsensors Typ S05 (Fa. Micro-Epsilon) erfaßt. Dieser Sensor dient zusätzlich zur Erkennung der tatsächlichen Position des Schlagstößels und kann damit zur Überwachung der Hammerfunktion und zur frühzeitigen Erfassung von Versagensfällen wie beispielsweise Stößelbruch verwendet werden. Die Abweichungen des Relativwegs des Schlagstößels vom tatsächlichen Relativweg des Fügeteils wurden vorab experimentell ermittelt; sie liegen im Bereich der Meßgenauigkeit der Sensoren und können somit vernachlässigt werden. Die so aufgenommenen analogen Sensorsignale wurden mit einem Butterworth-Filter 2. Ordnung (Grenzfrequenz 5 Hz) gefiltert und anschließend über einen Analog-/Digital-Wandler digitalisiert, bevor sie an eine entsprechende Auswerteeinheit weitergeleitet wurden.

### 6.4.2 Erkenntnisse aus den Versuchen

Bild 6.15 zeigt den gemessenen Weg/Schlag ($\Delta z$) über Weg(z)-Verlauf und den an den Anfangsverlauf von $\Delta z(z)$ jeweils angepaßten Sollverlauf für zwei ausgewählte Versagensfälle.
Die Abweichungen des empirisch ermittelten Sollverlaufs vom analytisch ermittelten Sollverlauf sind dabei zum einen bedingt durch die werkzeugabhängige Inkonstanz der übertragenen Energie $W_i$ (Abnahme mit zunehmendem Fügeweg z) und zum anderen durch die prozeßbedingte Inkonstanz aufgrund der Variation von Übermaß U, Reibwert $\mu$ und Rautiefe $R_z$.

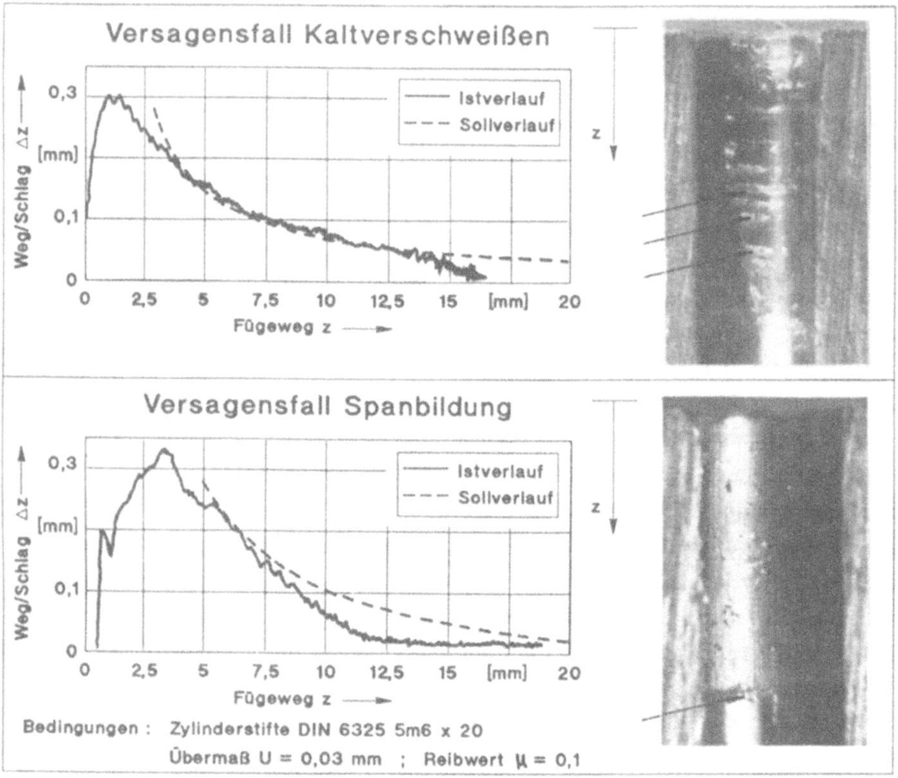


**Bild 6.15:** Ausgewählte Versagensfälle beim Einpressen

### 6.4.3 Umsetzung und Optimierung

Wesentliche Voraussetzung für die Realisierung des Verfahrens zur Prozeßüberwachung ist eine möglichst genaue Ermittlung des Sollverlaufs von $\Delta z$ über z.
Dazu muß vor allem die Energie, die der Pneumatikhammer an das Fügeteil überträgt, zu jedem Zeitpunkt des Prozesses bekannt sein; außerdem muß für jeden Fügefall die zum Fügen erforderliche maximale Fügekraft bekannt sein, die sowohl von technologischen als auch von geometrischen Einflußparametern abhängt. In direktem Zusammenhang hierzu steht die Festlegung der Algorith-

men für die Generierung der Toleranzgrenzen zur Erzeugung der Toleranzbänder. Die einzelnen Schritte zur Umsetzung dieses Verfahrens sind in Bild 6.16 grafisch dargestellt.

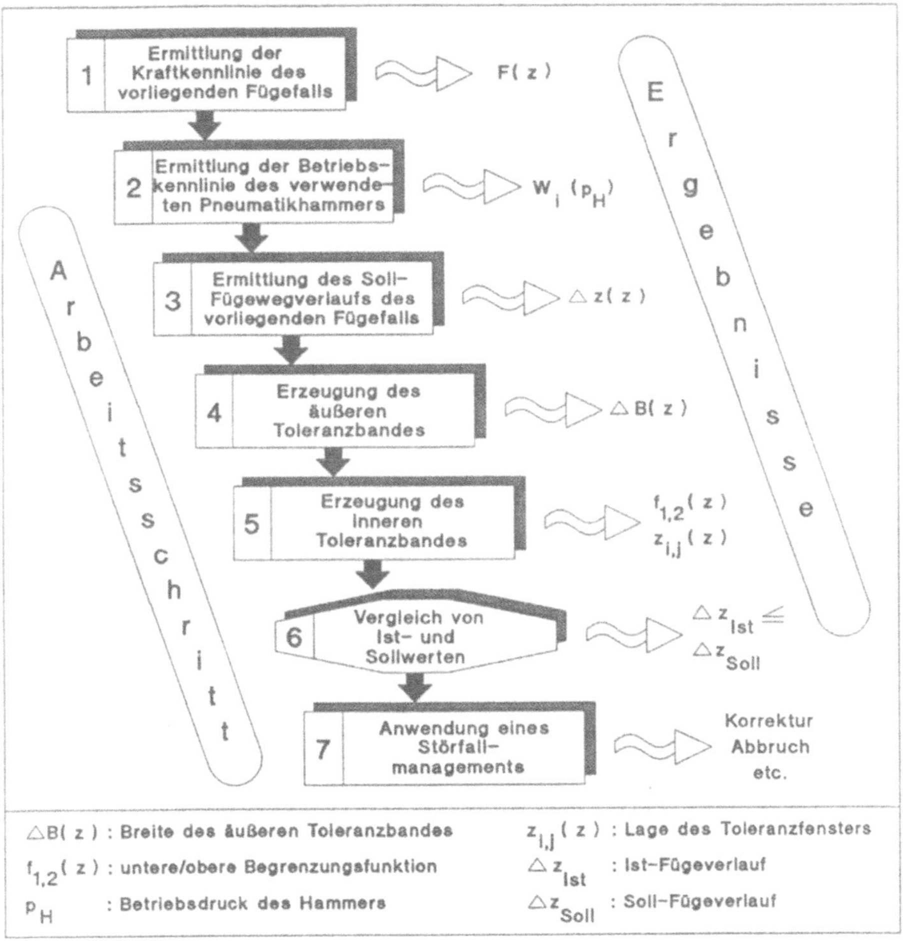


<u>Bild 6.16:</u> Umsetzung der Prozeßüberwachung

# 7. Kombination der Funktionsmodule zu einer flexiblen Robotereinpreßzelle

Zur Erprobung der erarbeiteten Konzeptvarianten und der entwickelten Funktionsmodule und Verfahren einer automatischen Montagestation zum Einpressen wurde eine Versuchsanlage realisiert, in der eine Integration aller Einzellösungen erfolgte. Aus den analysierten Montageaufgaben wurden repräsentative Fügefälle ausgewählt und umgesetzt.

## 7.1 Gesamtsystem

Der Aufbau der realisierten Montagezelle ist in Bild 7.1 dargestellt. Das Steuerungskonzept für die Montagezelle ist hierarchisch strukturiert, d.h. ein Zellenrechner (z.B. PC) als Master bedient sowohl die Werkzeugsteuerung als auch die Industrieroboter-Steuerung (Slaves). Dazu werden die zuvor aus den Konstruktions-Daten automatisch generierten Prozeßparameter eines jeden Fügefalls off-line an die Werkzeugsteuerung übertragen. Gleiches gilt für das Bewegungsprogramm des Industrieroboters: Aus den Geometriedaten des Fügeortes wird das entsprechende Bewegungsprogramm des Industrieroboters generiert und ebenfalls off-line an die Industrieroboter-Steuerung übergeben; damit ist die Einbindung der Einpreßzelle in eine CIM-Umgebung realisiert. In der Werkzeugsteuerung werden die Prozeßdaten für jeden spezifischen Fügefall als Sollgrößen gespeichert, während des Prozesses mit den Meßgrößen verglichen und bei Bedarf nachgeregelt. Sensoren erfassen dabei den Relativ-(Weg/Schlag) und den Absolutweg des Fügeteils; die Regelung des Betriebsdrucks des Pneumatikhammers zur Erzeugung unterschiedlicher Schlagenergien, die Realisierung unterschiedlicher Anpreßkräfte durch die pneumatische Vorschubachse bei unterschiedlichen Raumstellungen und die Einstellung eines unterschiedlichen Übertragungsverhaltens des Masse-Feder-Dämpfer(MFD)-Moduls geschehen mit Hilfe von Proportionaldruckventilen /61/.

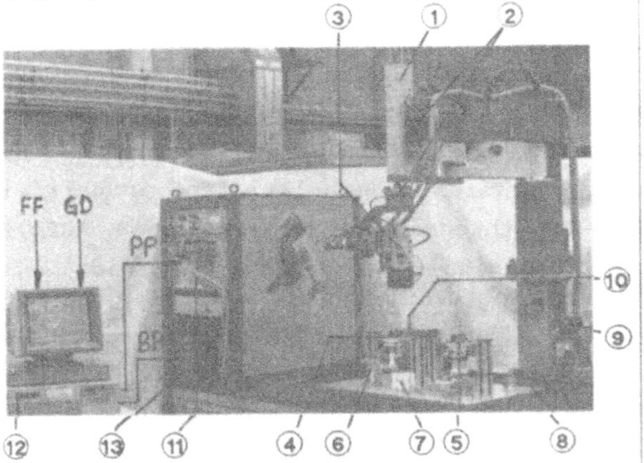


SCARA : Horizontalknickarmroboter
TAM : Toleranzausgleichsmodul
MFD : Masse-Feder-Dämpfer
IR : Industrieroboter
BP : Bewegungsprogramm
PP : Prozeßparameter
FF : Fügefall
GD : Geometriedaten

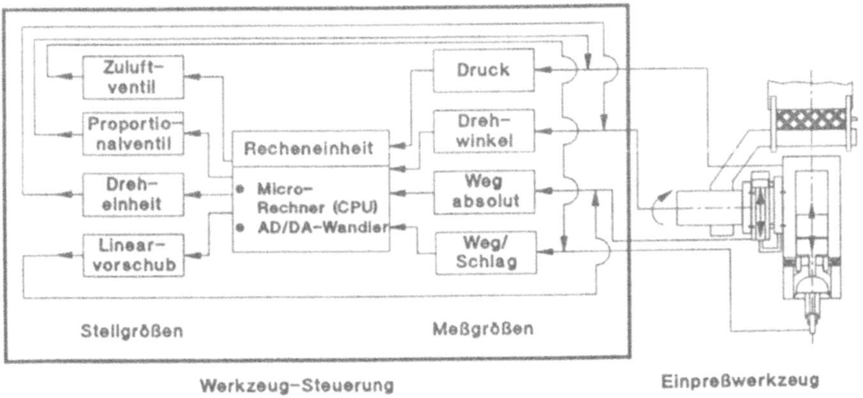


1 : Industrieroboter (SCARA)
2 : MFD-Modul
3 : Einpreßwerkzeug ROBOHAMMER
4 : Fügeeinheit mit integriertem TAM für Zylinderstifte
5 : Fügeeinheit mit integriertem TAM für Kugellager
6 : Zuführung der Halteeinheit für Zylinderstifte
7 : Bereitstellung der Halteeinheit für Zylinderstifte
8 : Bereitstellung der Kugellager
9 : Fügeort für Zylinderstifte
10 : Fügeort für Kugellager
11 : Werkzeugsteuerung
12 : Zellenrechner
13 : IR-Steuerung

Bild 7.1: Flexibel automatisierte Montagezelle zum Einpressen

## 7.2 Komponenten

Die für die Teilfunktionen Krafterzeugung und -abstützung, Toleranzausgleich und Prozeßüberwachung entwickelten Konzepte und in Form von separaten Funktionsmodulen realisierten Prototypen wurden in dem frei programmierbaren, hochflexiblen Industrieroboter-Werkzeug "ROBOHAMMER" integriert; den modularen Aufbau und die technische Realisierung dieses Werkzeugs zeigt Bild 7.2.

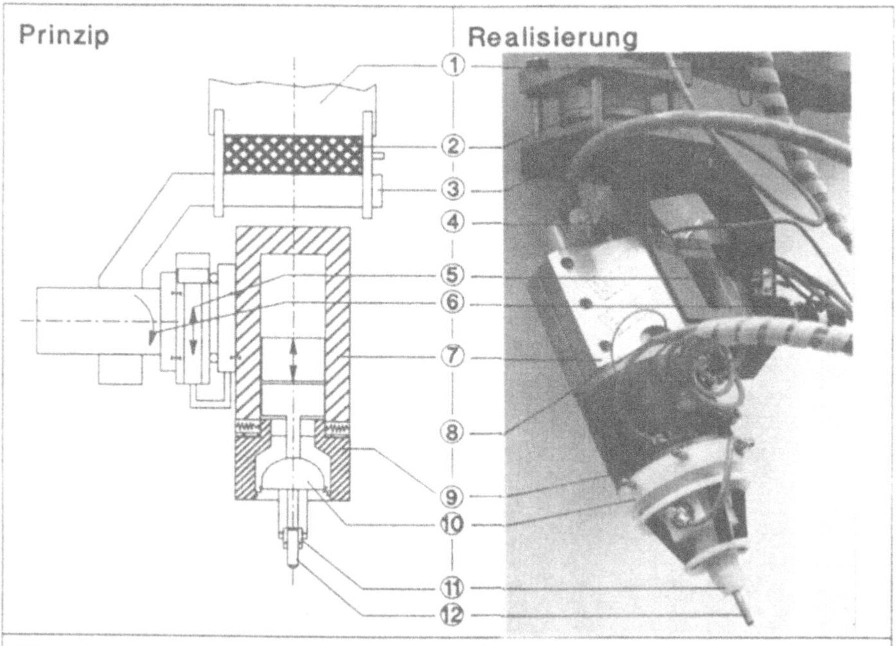


① Industrieroboter
② MFD - Modul
③ Haltebügel
④ Wegaufnehmer (Absolutweg)
⑤ Vorschubeinheit
⑥ Dreheinheit
⑦ Schlageinheit
⑧ Wegaufnehmer (Relativweg)
⑨ Wechselflansch
⑩ Stößelwechseleinheit mit TAM
⑪ Fügeteilwechseleinheit
⑫ Fügeteil
MFD: Masse-Feder-Dämpfer
TAM: Toleranzausgleichsmodul

**Bild 7.2:** Industrieroboterwerkzeug zum Einpressen "ROBOHAMMER"

Die Funktionen der Einzelmodule wurden bereits ausführlich erläutert; einzig am Toleranzausgleichsmodul wurden Art und Anordnung der Federelemente modifiziert, so daß Lateral- und Angularfehler durch Querschnittsverschiebungen innerhalb der Federelemente kompensiert werden können. Zur Erzielung variabler, definierter Anpreßkräfte ist in den ROBOHAMMER ein zusätzlicher pneumatischer Linearvorschub mit einem maximalen Vorschubweg von 40 mm integriert. Die zusätzliche elektrisch angetriebene Rotationsachse gestattet das raumschräge Fügen bei frei programmierbaren Winkeln bis zu ± 120° zur Vertikalen. Kern der gesamten Steuerung ist ein Industrierechner, der sowohl mit dem Industrieroboter als auch mit dem Einpreßwerkzeug ROBOHAMMER kommuniziert. Die Kommunikation mit der Industrieroboter-Steuerung bzw. der Achssteuerung der zusätzlichen Drehachse geschieht über serielle Schnittstellen, während die Sensorsignale und die Steuerungssignale für die Proportionalventile über ein Interface (Analog-Digital- bzw. Digital-Analog-Wandlung) zur Meßdatenverarbeitungseinheit bzw. zum Industrierechner übertragen werden.

## 7.3 Versuchsergebnisse

In der realisierten Montagezelle werden folgende Montageumfänge umgesetzt:

- Montage von 2 unterschiedlichen Fügeteiltypen (Zylinderstifte nach DIN 6325 und Rillenkugellager nach DIN 625)
- Montage von 4 unterschiedlichen Varianten eines Fügeteiltyps (Zylinderstifte mit Durchmesser $D_{Fa}$ = 3, 6, 8, 10 mm)
- Ausgleich von Positioniertoleranzen (Lateralfehler $\delta$ von ± 2 mm, Angularfehler $\varphi$ von ± 5°)
- Montage in unterschiedlichen Fügerichtungen (vertikal und schräg).

Bild 7.3 zeigt den Funktionsablauf und die Taktzeitanteile der einzelnen Montageumfänge, anhand derer die entwickelten Funktionsmodule und Verfahren hinreichend getestet werden konnten.

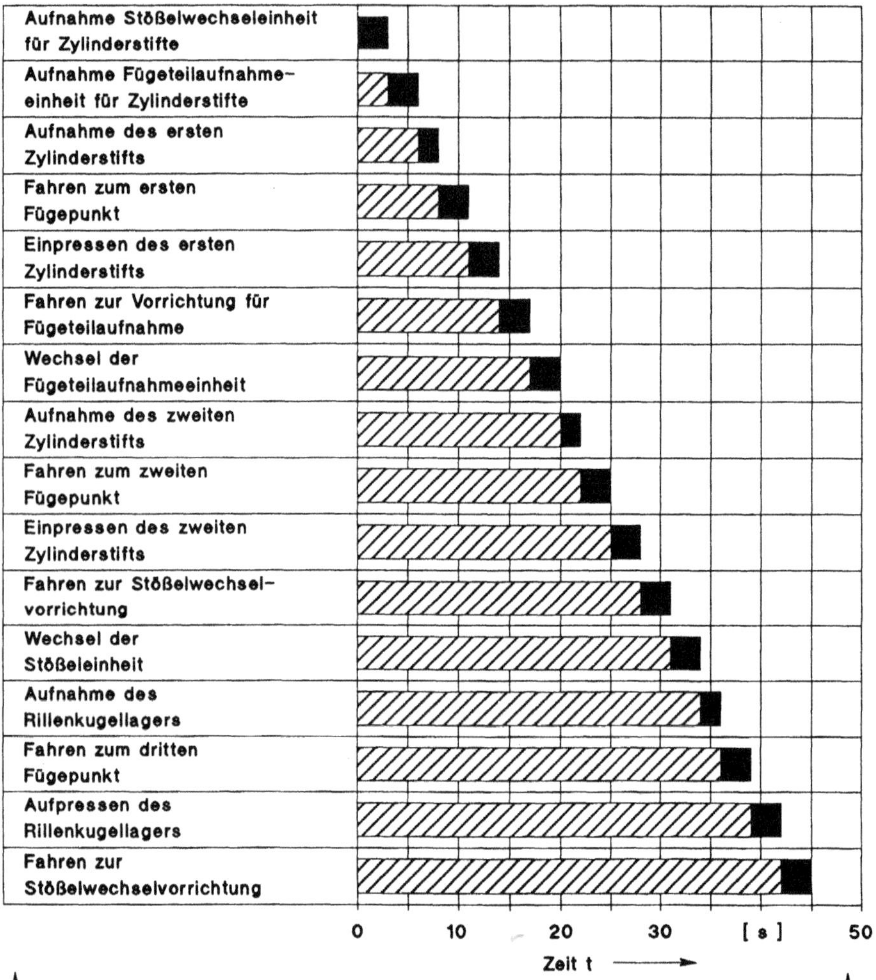


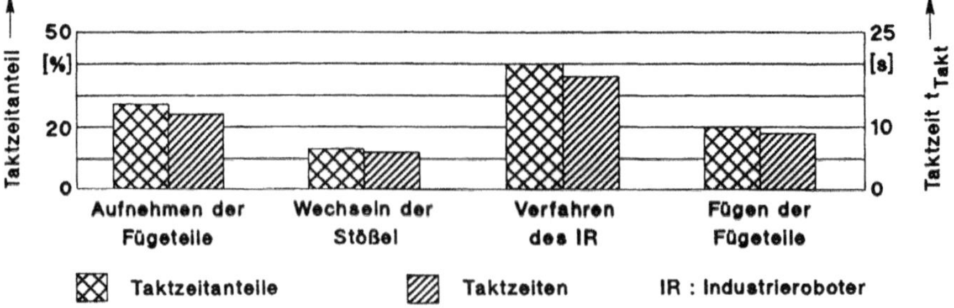


Bild 7.3: Analyse der Montagezeiten

Das Zusammenwirken der einzelnen Module Pneumatikhammer, Schwingungsisolationsmodul (MFD) und Toleranzausgleichsmodul (TAM) ist in Bild 7.4 dargestellt.

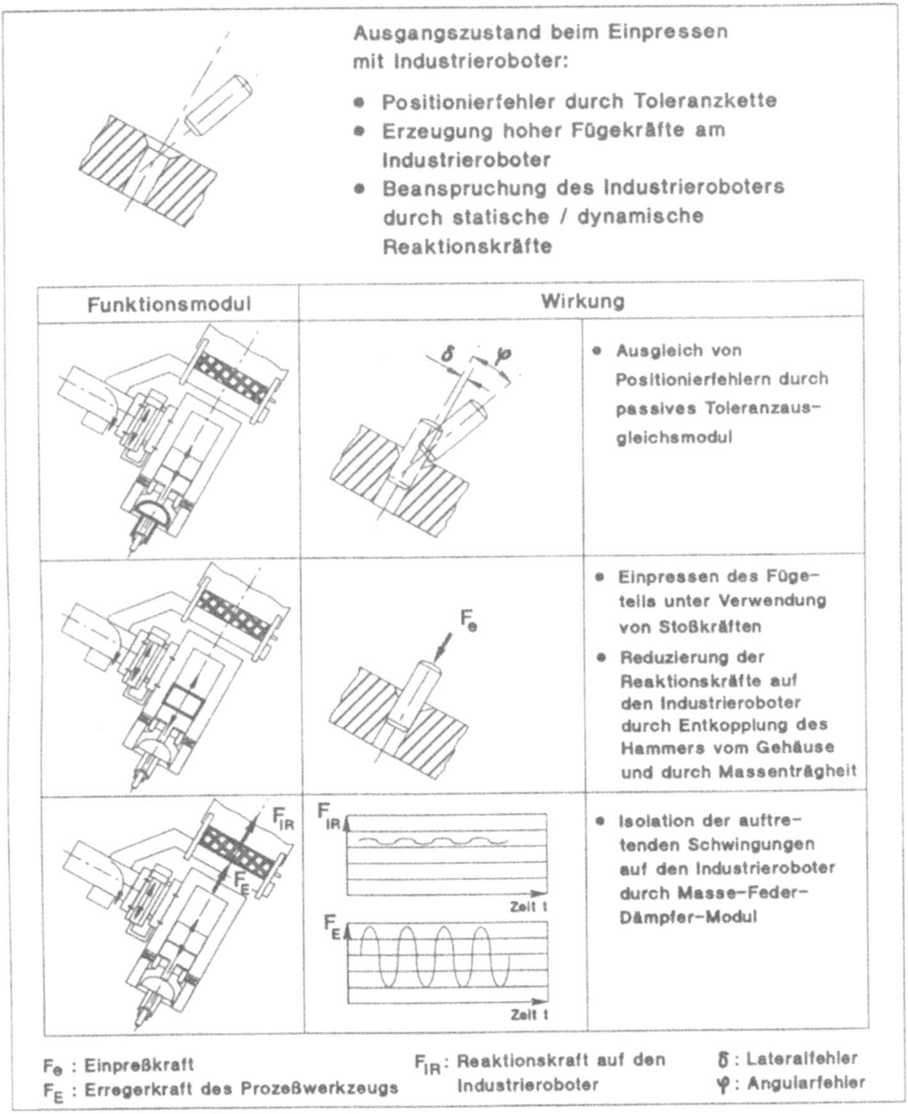


**Bild 7.4:** Fügetechnische Funktionen der Einzelmodule

Das passive Toleranzausgleichsmodul ermöglicht durch die Kompensation großer Lateral- und Angularfehler bei gleichzeitiger Fähigkeit der Übertragung hoher Fügekräfte reduzierte Genauigkeitsanforderungen bei Fügepartnern, Industrieroboter und Peripheriekomponenten. Dies ermöglicht geringere Gesamtkosten und verbessert somit die Wirtschaftlichkeit (Bild 7.5).

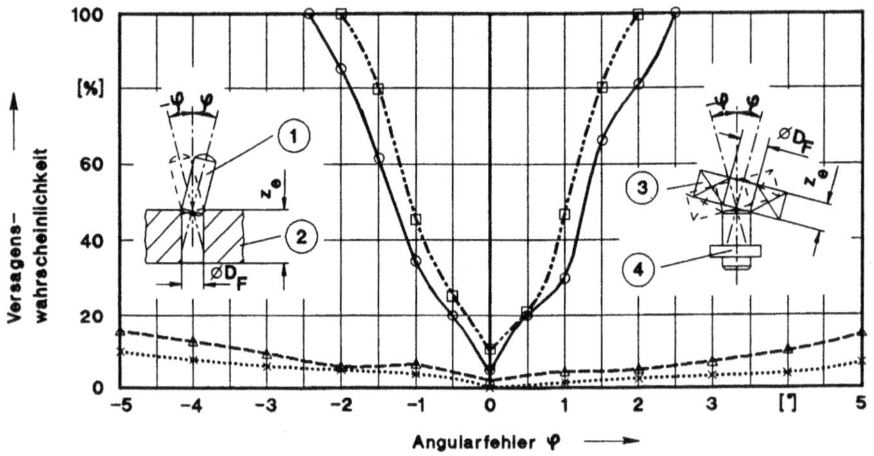


| | Zylinderstift (1) im Gehäuse (2) | Rillenkugellager (3) auf Welle (4) |
|---|---|---|
| ohne TAM | —○—○—○— | -□-·-□-·-□- |
| mit TAM | ··×······×······×·· | —△—△—△— |
| Basis | 50 Versuche | 50 Versuche |
| TAM : Toleranzausgleichsmodul | | |

| Bedingungen: |
|---|
| Zylinderstifte nach DIN 6325 6m6×20<br>Übermaß U = 0,045 mm<br>Fugendurchmesser $D_F$ = 6,0 mm<br>Einpreßweg $z_e$ = 20 mm |
| Rillenkugellager nach DIN 625 6204<br>Übermaß U = 0,025 mm<br>Fugendurchmesser $D_F$ = 20,0 mm<br>Einpreßweg $z_e$ = 14 mm |

Bild 7.5: Einsatzbereiche des Toleranzausgleichsmoduls

Der frei programmierbare Pneumatikhammer ermöglicht eine definierte Erzeugung der benötigten Energie, was eine wesentliche Voraussetzung für eine qualitativ hochwertige Verbindung darstellt (Bild 7.6). Die im Prozeßwerkzeug enthaltene Flexibilität bezüglich Fügeteiltypen und -varianten reduziert den Aufwand für das Gesamtsystem und die Gesamttaktzeit, wodurch die Wirtschaftlichkeit erhöht wird.

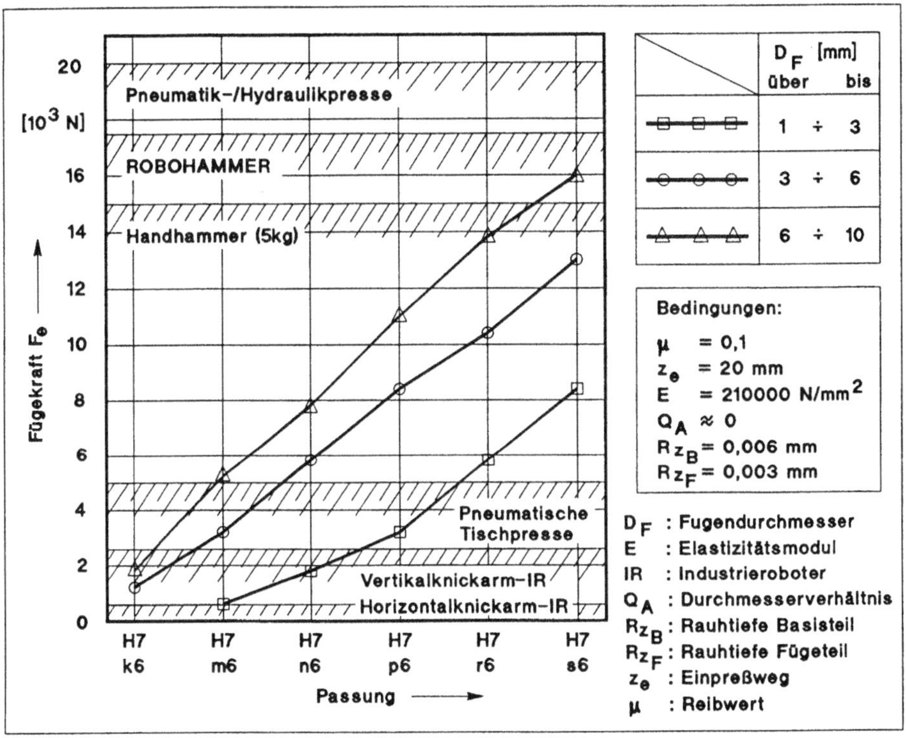


Bild 7.6: Einsatzbereich des Robohammers

Das passive Schwingungsisolationsmodul vermeidet aufgrund seiner Funktion eine unzulässige Beanspruchung des Industrieroboters durch Schwingungen und ermöglicht so dessen dauerhaften industriellen Einsatz unter wirtschaftlichen Randbedingungen.

Das entwickelte Verfahren zur Prozeßüberwachung und -regelung ermöglicht eine on-line-Erfassung der tatsächlich vorliegenden Fügeverhältnisse und liefert somit die Voraussetzungen für eine Regelung des Einpreßprozesses, selbst bei Verwendung eines pneumatisch-schlagenden Antriebs.

## 7.4 Folgerungen aus den Versuchen

Die Versuchsergebnisse zeigen, daß wesentliche Automatisierungshemmnisse für die Montage von Preßverbindungen mit Industrieroboter beseitigt werden konnten. Wesentliche Ziele von Verbesserungsmaßnahmen müssen nun sein:

- Verkürzung der Nebenzeiten (Verfahrzeiten des Industrieroboters, Wechselzeiten für unterschiedliche Schlagstößel, Zuführung der Fügeteile)
- Integration der Führung des Masse-Feder-Dämpfer(MFD)-Moduls in die zusätzliche Drehachse zur Erhöhung des Nutzungsgrads der Isolationswirkung bei unterschiedlichen Fügerichtungen
- Reduzierung der Verarbeitungszeit der Prozeßdaten durch leistungsfähige Hard- und Software
- Optimierung des Einpreßwerkzeugs ROBOHAMMER hinsichtlich Bauraum und Gewicht.

# 8 Zusammenfassung und Ausblick

In der vorliegenden Arbeit werden aufbauend auf einer industriellen Arbeitsplatzanalyse die wichtigsten Automatisierungshemmnisse beim flexiblen Einpressen mit Industrierobotern aufgezeigt. Als wesentliche Automatisierungshemmnisse erwiesen sich

- die hohe Typen- und Variantenvielfalt der Werkstücke,
- hohe Füge- und Reaktionskräfte insbesondere in Verbindung mit Positionierfehlern,
- die starke Streuung der Einflußparameter auf den Montageprozeß,
- die Montage in beliebigen Raumlagen.

Aufbauend auf der analytischen Betrachtung des Fügeprozesses und der meßtechnischen Überprüfung der Ergebnisse wurden Folgerungen für optimale Montagekennwerte und die konstruktive Gestaltung der Teilsysteme einer Montagezelle abgeleitet.

Für die Aufgabenstellungen

- Erzeugen und Abstützen großer Fügekräfte und -momente,
- Positionieren von Fügeteil zu Basisteil bei Übermaß,
- Überwachung eines Fügevorgangs mit Stoßkräften bei gleichzeitiger Qualitätssicherung

wurden systematisch Lösungskonzepte für die flexible Automatisierung mit Industrierobotern entwickelt.

Für die so ausgewählten Lösungen wurden Funktionsmodule konzipiert, in Form von Prototypen realisiert und anschließend erprobt.

**Pneumatisches Hammermodul**

Für die Erzeugung und Abstützung der erforderlichen Füge- und Reaktionskräfte wurde ein Funktionsmodul mit pneumatisch-schlagendem Antrieb entwickelt. Dadurch ist es zum einen möglich, die erforderlichen Fügekräfte mithilfe von Stoßkräften (Impulsen) zu erzeugen und zum anderen unter Ausnutzung des Prinzips der Massenträgheit die auftretenden Reaktionskräfte zu begrenzen. Schlagenergie und Schlagfrequenz dieses Funktionsmoduls sind frei programmierbar, wodurch unterschiedliche Fügefälle realisiert werden können.

**Passives Schwingungsisolationsmodul**

Durch die Verwendung eines Werkzeugs mit pneumatisch-schlagendem Antrieb am Industrieroboter entstehen aufgrund der dynamischen Anteile der Reaktionskräfte Schwingungen, welche den Industrieroboter beanspruchen. Zur Isolation dieser Schwingungen wurde ein passives Masse-Feder-Dämpfer(MFD)-Modul entwickelt, das eine nahezu vollständige Isolation der auftretenden Schwingungen ermöglicht. Das MFD-Modul basiert auf dem Prinzip der Gummi-Luft-Feder mit der Besonderheit der unabhängig voneinander frei programmierbaren Einstellung von Luftdruck und Luftvolumen. Dadurch kann das Isolationsverhalten des MFD-Moduls sowohl an unterschiedliche Erregungen durch das Prozeßwerkzeug als auch an unterschiedliche Industrieroboter-Kinematiken angepaßt werden und somit ein optimales Isolationsverhalten bewirken.

**Passives Toleranzausgleichsmodul**

Für den Ausgleich von Positioniertoleranzen wurde ein passives Toleranzausgleichsmodul (TAM) entwickelt, das eine im Vergleich zu herkömmlichen passiven Toleranzausgleichselementen geringere Lateral- und Angularsteifigkeit bei einer gleichzeitig höheren Axialsteifigkeit aufweist und somit in der Lage ist, hohe Fügekräfte zu übertragen. Die Kraftübertragung erfolgt dabei über ein gefedert gelagertes Kugelsegment, wobei der Kugelmittelpunkt in der Fügeteilstirnfläche liegt. Somit ist es möglich, während des kräftebehafteten Fügeprozesses Positionierfehler auszugleichen.

**Verfahren zur Prozeßüberwachung**

Schließlich wurde ein Verfahren zur Prozeßüberwachung und -regelung entwickelt, welches im Gegensatz zu bestehenden Verfahren nicht auf der Erfassung der Fügekraft, sondern auf der Erfassung der Fügeenergie durch die Ermittlung des aktuellen Fügewegs des Fügeteils beruht. Darüber hinaus verwendet dieses Verfahren als Referenzwerte nicht Sollwerte, die vor dem Fügeprozeß beispielsweise durch Stichprobenentnahme ermittelt wurden, sondern generiert diese Sollwerte selbsttätig auf der Basis der aktuellen Meßwerte, wodurch eine genauere Prozeßkontrolle möglich ist.

Auf der Grundlage der entwickelten Funktionsmodule wurde das Konzept einer flexiblen, robotergestützten Einpreßzelle aufgezeigt. Dazu wurden die entwickelten Funktionsmodule in dem Industrieroboterwerkzeug ROBOHAMMER integriert und mit diesem anhand konkreter industrieller Einsatzfälle die Funktionsfähigkeit der Einzelmodule und des Gesamtsystems nachgewiesen.

Die in der vorliegenden Arbeit vorgestellten Funktionseinheiten erhöhen die Fügesicherheit, vermindern den Peripherieaufwand, reduzieren die Taktzeiten und ermöglichen auch bei komplexen, raumschrägen Fügevorgängen die Verwendung einfacher Handhabungsgeräte, die lediglich eine Punkt-zu-Punkt-Steuerung besitzen müssen. Damit ist die Verbindung flexibler Handhabungsgeräte mit Montagevorgängen mit hohen Fügekräften möglich geworden.
Eine weitere Verbesserung der Einsatzmöglichkeiten läßt sich nun erreichen durch:

- die Optimierung des Wirkungsgrads des pneumatisch-schlagenden Antriebs (z.B. durch Auswahl des geeigneten Kolben-Stößel-Massenverhältnisses, Dimensionierung der Kolbenbeschleunigungsstrecke),
- die Ermittlung von Kennlinienfeldern der Eigenfrequenzen unterschiedlicher Industrieroboter-Kinematiken in Abhängigkeit der Raumkoordinaten für die Anpassung des Isolationsverhaltens des Masse-Feder-Dämpfer(MFD)-Moduls,
- die Ermittlung von Kennlinienfeldern für erfolgreiche und nicht erfolgreiche Fügefälle mit gleichzeitiger Erfassung der entsprechenden Prozeßparameter zur Erstellung von Muster-Prozeßverläufen.

Eine Bereitstellung dieser Informationen in Form von Daten in Wissensbanken und Expertensystemen stellt somit ein wichtiges Planungshilfsmittel bei der Konzeption eines flexibel automatisierten Einpreßsystems dar.

# 9 Literaturverzeichnis


| | | |
|---|---|---|
| /1/ | Abele, E.: | Einsatzmöglichkeiten von flexibel automatisierten Montagesystemen in der industriellen Produktion. Montagestudie (Schriftenreihe "Humanisierung des Arbeitslebens", Band 61), Düsseldorf: VDI-Verlag, 1984. |
| /2/ | Schweizer, M.: | Mit neuem Schwung in die 90er-Industrieroboter wieder auf dem Vormarsch. In: Roboter, 04/90, S. 14-18. |
| /3/ | o.V.: | DIN 8593 Teil 3: Fertigungsverfahren Fügen - September 1985. Beuth-Verlag; Berlin. |
| /4/ | Roth, K.: | Feste Verbindungen und ihre Eignung zur automatischen Montage. In: VDI-Berichte Nr. 592 (1983), S. 177-192. |
| /5/ | Aregger, B.; von Burg, P.: | Symbiose Mensch-Roboter. In: Montage, 01/88, S. 82-89. |
| /6/ | Kochan, A.: | Zylinderköpfe von Rover. In: Montage, 03/89, S. 80-82. |
| /7/ | Hartmann, G.; Pössinger, J.: | Lager, Läufer und Statoren in der Montagezelle. In: Roboter, 06/85, S. 26-31. |

/8/ Hernani, J.T. u.a.: Case Study: Ball-Bearing Assembly Line.
In: Proceedings of the 11th International Conference on Assembly Automation.
November 11-14th, 1990, Dearborn-Michigan, USA, SME, Dearborn, Michigan, S.MS 90-826.

/9/ o.V.: Montage einer Laugenpumpe.
In: Roboter, 06/88, S. 8-12.

/10/ Biederstedt, W.: Lösbare Preßpassungen im elastischen, elastisch-plastischen und plastischen Verformungsbereich.
Diss. TU Hannover, 1962 und Technische Rundschau, Heft 57/1963.

/11/ Kollmann, F.G.: Konstruktionskataloge für kraft-, form- und stoffschlüssige Welle-Nabe-Verbindungen.
VDI-Berichte Nr. 493, 1983.

/12/ o.V.: DIN 7182 Teil 1: Maße, Abmaße, Toleranzen und Passungen - Grundbegriffe - Mai 1986.
Beuth-Verlag, Berlin.

/13/ o. V.: DIN 7182 Teil 3: Toleranzen und Passungen - Preßverbände - August 1987.
Beuth-Verlag, Berlin.

/14/ o.V.: DIN 7190: Preßverbände - Berechnungsgrundlage und Gestaltungsregeln - Juli 1988.
Beuth-Verlag, Berlin.

/15/ o.V.: Paßgenaue Sicherheit: Einpreßvorgänge elektronisch überwacht. In: Der Betriebsleiter, 5/90, S. 58.

/16/ o.V.: Einpreß-Überwachung DMF-P Produktblatt der Fa. Staiger-Mohilo, Schorndorf, 1989.

/17/ Klingelhöfer, H.: Mit wohldosierter, kontrollierter Kraft. In: Industriethemen 01/89, S. 8-9.

/18/ o.V.: Einpreßkraftüberwachung für die Qualitätssicherung PME02. Produktblatt der Fa. EGM, Langenhagen, 1990.

/19/ o.V.: Preßkraftüberwachung Processa Modell 8100. Produktblatt der Fa. Brankamp, Erkrath, 1990.

/20/ Auerbach, B.; Seiler, R.: Entwicklung eines Baukastens für Preßstationen als Modul für flexible automatische Montagesysteme. In: Maschinenbautechnik Berlin 37 (1988) 5, S. 211-214.

/21/ Rooks, B.: Flexibility helps to meet European market demands. In: Assembly Automation, 8(1), 1988, S. 17-21.

/22/ Leicht, Th.: Weichschalten unterstützt Einpressen. In: Roboter, 09/91, S. 50-52.

/23/ Trinsinger, K.; Schwenke, B.: Flexible automatisierte Montage von Getriebebaugruppen für Schlagbohrmaschinen.
In: Fertigungstechnik und Betrieb, Berlin 37 (1987) 7, S. 395-398.

/24/ Hoenow, G.; Thonig, H.: Recherunterstützte Auslegung von flexiblen Fügestationen.
In: Konferenz INFERT 86, Industrielle Fertigung - Rechnerintegrierte automatisierte Vorbereitung und Durchführung, TU Dresden, Fachsektion 3/1, 2 (09/82), S. 99-107.

/25/ Jacob, K.; Dietz, J.; Tübner, U.: Flexibles automatisches Fügen von Längspreßpassungen.
In: Werkstatt und Betrieb 120 (1987), S. 21-23.

/26/ Abele, E.: Flexible Montageautomatisierung von Baugruppen in der Aggregatemontage.
In: Fortschritte in der Montage, 19. IPA-Arbeitstagung, 03.-04.02.88, Stuttgart, Springer-Verlag, 1988.

/27/ o.V.: Konstruktionskonzepte und konstruktiver Aufbau von Komponenten und Systemen zur flexiblen, automatisierten Montage.
In: Universität Stuttgart, Sonderforschungsbereich 158, Die Montage im flexiblen Produktionsbetrieb, Ergebnisbericht 1987-88-89, S. 263-289.

/28/ o.V.: Mehrfachachsen-Montagepressungs-Einheit PCX30. Produktblatt der Fa. Sony Corp., Japan.

/29/ o.V.: Lambda-One Industrial Robot-Application examples. Produktblatt der Fa. Yamaha Corp., Japan.

/30/ o.V.: Konstruktionskonzepte und konstruktiver Aufbau von Komponenten und Systemen zur flexiblen, automatisierten Montage. In: Universität Stuttgart, Sonderforschungsbereich 158, Die Montage im flexiblen Produktionsbetrieb, Ergebnisbericht 1984-85-86, S. 315-329.

/31/ Fischer, J.; Gentzen, G.; Hähle, F.; Müglitz, J.; Volmer, J.: Modulare Baueinheiten für die flexible Montageautomatisierung. In: Zeitschrift für wirtschaftliche Fertigung 84 (1989) 4, S. 202-205.

/32/ Ghosh, K; Caracciolo, A.; Cwycyshyn, W.: Development and integration of robotic workstations for assembly of automotive engine components. In: Proceedings of the 9th International Conference on Assembly Automation, March 15th-17th, 1988, London, IFS-Conferences, Kempston, Bedford, S. 49-62.

/33/ Herrmann, G.: Analyse von Handhabungsvorgängen im Hinblick auf deren Anforderungen an programmierbare Handhabungsgeräte (PHG) in der Teilefertigung. Stuttgart, Universität, Diss., 1976.

/34/ o.V.: VDI-Richtlinie 2860 Blatt 1 - Entwurf: Montage- und Handhabungstechnik - Handhabungsfunktionen. Beuth-Verlag, Berlin, Oktober 1982.

/35/ Maier, C.: Ein Beitrag zur flexiblen Automatisierung der Montage unter besonderer Berücksichtigung des Schraubens mit Industrierobotern. München, Techn. Universität, Diss., 1985.

/36/ Selvage, C.C.: Assembly of Interference Fits by Impact and Constant Force Methods. Cambridge, MI, USA, MIT, Masters Thesis, 1979.

/37/ o.V.: DIN 7154: ISO-Passungen für Einheitsbohrungen. Beuth-Verlag, Berlin, August 1966.

/38/ o.V.: DIN 4766 Teil 1: Herstellverfahren der Rauheit von Oberflächen. Beuth-Verlag, Berlin, März 1981.

/39/ Schwanitz, U.: Ungesteuerte Fügemechanismen für die robotergestützte automatische Montage von Werkstücken mit zylindrischen Fügeflächen und Übergangs- oder Preßpassungen. Karl-Marx-Stadt, TH, Diss. A, 1983.

/40/ Butschke, R.: Untersuchung eines Fügewerkzeuges mit Kraftwirkung zum Fügen von Werkstücken mit Übergangs- und Preßpassungen. Karl-Marx-Stadt, TH, Diss. A, 1988.

/41/ Gropp,H.: Die Übertragungsfähigkeit von Längspreßverbindungen bei dynamischer Belastung durch wechselnde Drehmomente. Karl-Marx-Stadt, TH, Diss. A, 1975.

/42/ Haase, K.: Haftbeiwerte für einfache zylindrische Preßverbindungen. In: Masch.-Bau-Technik, 27 (1978) 10, S. 443-445.

/43/ Haase, K.: Beitrag zur Bemessung von Preßverbindungen. Karl-Marx-Stadt, TH, Diss. A, 1977.

/44/ Leidich, E.: Beanspruchung von Preßverbindungen im elastischen Bereich und Auslegung gegen Dauerbruch. TH Darmstadt, Diss., 1983.

/45/ o.V.: VDI-Richtlinie 2225: Konstruktionsmethodik technisch-wirtschaftliches Konstruieren. Beuth-Verlag, Berlin, April 1977.

/46/ o.V.: Atlas Copco Handbuch Drucklufttechnik. Atlas Copco Deutschland, Essen, 1977, S. 300-301.

/47/ Riederer, H.: Untersuchungen zur Dynamik elektropneumatischer Bohr-Hämmer. Dortmund, Universität, Diss., 1985.

/48/ Würtz, G.: Alleskönner Robohammer - Flexibel automatisierte Einpreßzelle. In: Roboter, 09/90, S. 50-52.

/49/ Fraunhofer-Gesellschaft: Offenlegungsschrift DE 40 04 020 A1. Werkzeug zum schlagenden Bearbeiten bzw. Montieren von Werkstücken.

/50/ Frankenhauser, B.: Pressen durch Roboter. In: Roboter, 03/88, S. 48-52.

/51/ Warnecke, H.J.; Fischer, G.E.: Automatische Montage. In: VDI-Z. Bd. 129 (1987) Nr. 1 - Januar, S. 54-56.

/52/ Warnecke, H.J.; Würtz, G.: Verpuffte Energie - Schwingungsisolation am Industrieroboter. In: Robotertechnik, Ausgabe 91, S. 65-66.

/53/ Warnecke, H.J.; Schweizer, M.; Schweigert, M.: Toleranzausgleich in der Präzisionsmontage. In: Montage, 1/90, S. 40-46.

/54/ Schugmann, R.: Nachgiebige Werkzeugaufhängungen für die automatische Montage. München, Techn. Universität, Diss., 1990.

/55/ Whitney, D.H.: What is a remote center compliance (RCC) and what can it do? In: Robot Sensors Vol. 2, Tactile and Non-Vision, Springer, Berlin 1986.

/56/ Warnecke, H.J.; Würtz, G.: Einpressen leicht gemacht - Passives Toleranzausgleichsmodul für das flexibel automatisierte Einpressen. In: Roboter, 05/91, S. 28-30.

/57/ Fraunhofer-Gesellschaft: Offenlegungsschrift DE 41 03 907 A1. Toleranzausgleichsmodul.

/58/ Warnecke, H.J.; Würtz, G.: Der Robohammer - Prozeßüberwachung bei schlagendem Antrieb. In: Schweizer Maschinenmarkt, 47/91, S. 88-89.

/59/ Fischer, H.C.: Theory and application of longitudinal impact. Part I: elastic longitudinal impact with some reference to rock drilling. In: Tryckluft Nr. 1 (1961), S. 4-20.

/60/ König, R.; Locher, G.: Prototyperprobung und Diagnose an Industrierobotern.
In: Komponenten für fortgeschrittene Roboter- und Handhabungssysteme.
KfK-PFT Bericht Nr. 142, Dez. 1988, S. 232-239.

/61/ Schweizer, M.; Würtz, G.: Roboterzelle für Preßverbindungen.
In: Technische Rundschau, 25/91, S. 32-34.

# ANHANG

# 10 Anhang

10.1 Ermittlung des Ausrichtprozesses des Fügeteils
(vgl. Kapitel 4.2.1)

10.2 Ermittlung des Fügekraftverlaufs beim quasistatischen Einpressen
(vgl. Kapitel 4.2.2)

10.3 Ermittlung von Fügeenergie und Stoßkraft beim pneumatischen Schlagantrieb
(vgl. Kapitel 6.1)

10.4 Ermittlung der Federsteifigkeit des Schwingungsisolationsmoduls
(vgl. Kapitel 6.2)

10.5 Ermittlung der Angularsteifigkeit des Toleranzausgleichsmoduls
(vgl. Kapitel 6.3)

## 10.1 Ermittlung des Ausrichtprozesses des Fügeteils

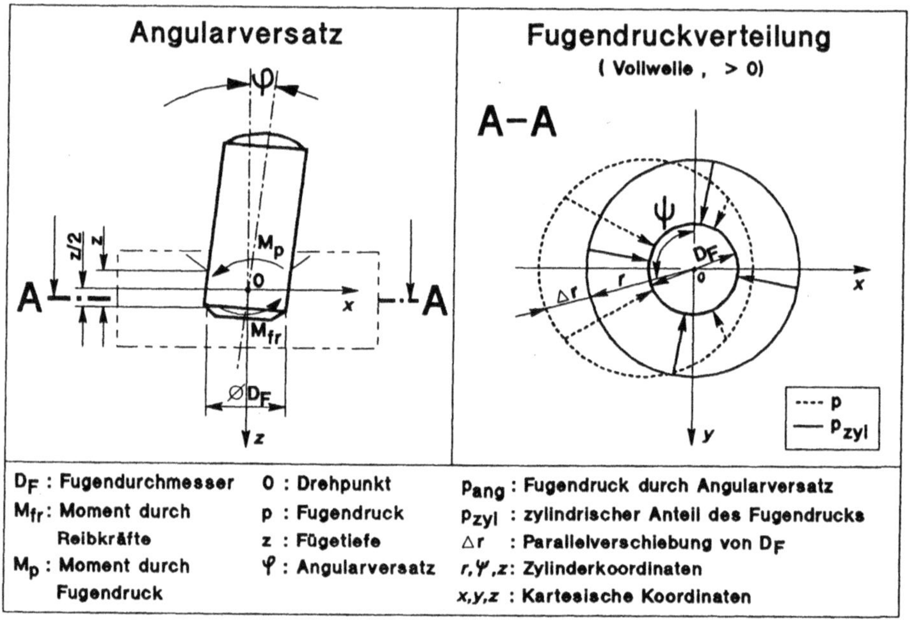


Bild 10.1: Verhältnisse am Preßverband bei Angularversatz (siehe Bild 4.2)

### Ermittlung des rückstellenden Moments Mp

Das rückstellende Moment $M_p$ ergibt sich aus dem Integral von Normalkraft und Hebelarm über der Fläche zu:

$$M_p = \int_A p \cdot \sin\phi \cdot z \cdot dA \qquad (10.1.1)$$

mit

$$dA = \frac{D_F}{2} \cdot d\phi \cdot dz \qquad (10.1.2)$$

Der Fugendruck p setzt sich zusammen aus einem zentrischen Anteil $p_{zyl}$ und einem durch den Angularversatz bedingten Anteil (Parallelverschiebung des Stiftquerschnitts) $p_{ang}$ (Bild 10.1).

$$p = p_{zyl} + p_{ang} \qquad (10.1.3)$$

$$p_{zyl} = k \cdot \frac{U}{2} \qquad (10.1.4)$$

$$p_{ang} = k \cdot \Delta r \qquad (10.1.5)$$

Unter Verwendung der Kreisgleichung und der Gleichung für den verschobenen Kreis in x-Richtung bei Neigung der Fügeteilachse um $\varphi$ ergibt sich für $\Delta r$:

$$\Delta r = \sin\varphi \cdot z \cdot \sin\phi - \frac{D_F}{2} + \sqrt{\frac{{D_F}^2}{4} + (\sin\phi - 1) \cdot \sin^2\varphi \cdot z^2} \qquad (10.1.6)$$

Für kleine Winkel $\varphi$ ergibt sich durch Linearisierung mit (10.1.6) aus (10.1.5)

$$p_{ang} = k \cdot \varphi \cdot z \cdot \sin\phi \qquad (10.1.7)$$

bzw. mit (10.1.4) und (10.1.7) in (10.1.3)

$$p = k \cdot \left(\frac{U}{2} + \varphi \cdot z \cdot \sin\phi\right) \qquad (10.1.8)$$

Mit (10.1.2) und (10.1.8) in (10.1.1) folgt:

$$M_p = \int_A k \cdot \left(\frac{U}{2} + \varphi \cdot z \cdot \sin\phi\right) \cdot z \cdot \frac{D_F}{2} d\phi \cdot dz \qquad (10.1.9)$$

bzw. unter Berücksichtigung der Lage des Drehpunktes

$$M_p = \int_{-\frac{z}{2}}^{+\frac{z}{2}} \int_{0}^{2\pi} k \cdot \left(\frac{U}{2} + \varphi \cdot z \cdot \sin\phi\right) \cdot z \cdot \frac{D_F}{2} d\phi \cdot dz \qquad (10.1.10)$$

Nach einigem Umformen und wiederum Linearisierung für kleine Winkel von $\varphi$ erhält man:

$$M_p = \frac{D_F \cdot k \cdot \pi \cdot \varphi}{24} \cdot z^3 \tag{2a}$$

<u>Ermittlung des Reibmoments $M_{fr}$</u>

Das Moment resultierend aus den Reibkräften ergibt sich aus dem Integral von Reibkraft und Hebelarm über der Fläche zu:

$$M_{fr} = -\int_A f_r \cdot |x| \cdot dA \tag{10.1.11}$$

mit

$$x = -\frac{D_F}{2} \cdot \sin\phi \tag{10.1.12}$$

und in Anlehnung an das erste Coulombsche Gesetz

$$f_r = \mu \cdot p \tag{10.1.13}$$

ergibt sich wiederum unter Berücksichtigung der Lage des Drehpunkts und unter Verwendung von (10.1.2) aus (10.1.11)

$$M_{fr} = \frac{D_F^2}{4} \cdot \mu \cdot \left[ -\int_{-\frac{z}{2}}^{+\frac{z}{2}} \int_0^{\pi} p \cdot \sin\phi \cdot d\phi \cdot dz + \int_{-\frac{z}{2}}^{+\frac{z}{2}} \int_{\pi}^{2\pi} p \cdot \sin\phi \cdot d\phi \cdot dz \right] \tag{10.1.14}$$

Mit (10.1.8) in (10.1.14) und nach einigem Umformen erhält man daraus:

$$M_{fr} = -\frac{\mu \cdot D_F^2 \cdot k \cdot U}{2} \cdot z \tag{3a}$$

<u>Ermittlung des maximal zulässigen Angularfehlers $\varphi_{max}$</u>

Der maximal zulässige Angularfehler $\varphi_{max}$ resultiert aus (4a) für die maximal zulässige Fügetiefe $z_{max}$, welche sich ergibt, wenn der maximale Fugendruck p den zulässigen Wert $p_{max}$ erreicht.

$$z^2 > \frac{12 \cdot \mu \cdot D_F \cdot U}{\pi \cdot \varphi} \tag{4a}$$

bzw.

$$\varphi > \frac{12 \cdot \mu \cdot D_F \cdot U}{\pi \cdot z^2} \tag{10.1.15}$$

Der maximale Fugendruck ermittelt sich aus Gleichung (10.1.8) für $\psi = 90°$ und $Z = z/2$ zu

$$p = k \cdot \left(\frac{U}{2} + \varphi \cdot \frac{z}{2}\right) \tag{10.1.16}$$

Aus /14/ folgt mit

$$p = \frac{1-Q_A{}^2}{2} \cdot E \cdot \frac{Z}{D_F} \tag{10.1.17}$$

und für $Q_A$ -> 0

$$p = \frac{1}{2} \cdot E \cdot \frac{Z}{D_F} \tag{10.1.18}$$

Durch Gleichsetzen von (10.1.8) für $\varphi = 0$ mit (10.1.18) und anschließendem Koeffizientenvergleich ergibt sich

$$k = \frac{E}{D_F} \tag{10.1.19}$$

und mit (10.1.19) in (10.1.16)

$$p = \frac{E}{2 \cdot D_F} \cdot (U + \varphi \cdot z) \tag{10.1.20}$$

Die maximal zulässige Fügetiefe $z_{max}$ ergibt sich damit aus (10.1.20) für $p = p_{max}$ zu

$$z_{max} = \frac{2 \cdot D_F \cdot p_{max} - U \cdot E}{E \cdot \varphi} \tag{10.1.21}$$

Der beim Fügen maßgebliche Versagensfall der Spanbildung tritt ein für den Fall, daß die Schergrenze erreicht wird, d.h. daß gilt:

$$f_r = \tau_{max} = \mu \cdot p_{max} \tag{10.1.22}$$

Unter Verwendung von

$$\tau_{max} = 0{,}8 \cdot \sigma_B \tag{10.1.23}$$

folgt damit für $p_{max}$ aus (10.1.22)

$$p_{max} = \frac{0{,}8 \cdot \sigma_B}{\mu} \tag{10.1.24}$$

Damit ergibt sich für die maximal zulässige Fügetiefe $z_{max}$ unter der Annahme eines Versagensfalls durch Spanbildung

$$z_{max} = \left(\frac{1{,}6 \cdot D_F \cdot \sigma_B - U \cdot \mu \cdot E}{\mu \cdot E}\right) \cdot \frac{1}{\varphi} \tag{6}$$

## 10.2 Ermittlung des Fügekraftverlaufs beim quasistatischen Einpressen

Eine Längspreßverbindung stellt eine kraftschlüssige Verbindung dar, bei der die erforderlichen Umfangs- oder Axialkräfte durch Reibung zwischen den Fügepartnern übertragen werden; dazu muß zwischen den Fügepartnern eine Normalkraft wirken. Es gilt also:

$$F_e = \nu \cdot F_N = \nu \cdot p \cdot A \tag{10.2.1}$$

Ausgehend von einer in der Regel geforderten rein elastischen Beanspruchung sowie einem zweiachsigen Spannungszustand ergibt sich für eine Vollwelle bei gleichen Werkstoffen nach /14/

$$p = \frac{1-Q_A{}^2}{2} \cdot E \cdot \frac{Z}{D_F} \tag{10.2.2}$$

Unter Verwendung von

$$A = \pi \cdot D_F \cdot z_e \tag{10.2.3}$$

folgt damit aus (10.2.1)

$$F_e = \nu \cdot \pi \cdot z_e \cdot E \cdot Z \cdot \frac{1 - Q_A{}^2}{2}, \tag{10.2.4}$$

wobei gilt:

$$Z = U - G \tag{10.2.5}$$
$$U = D_{Fa} - D_{Bi} \tag{10.2.6}$$
$$G = 0{,}8\ (R_{zB} + R_{zF}) \tag{10.2.7}$$
$$Q_A = D_F/D_{Ba} \tag{10.2.8}$$

Dies führt nach Einsetzen von (10.2.5, 10.2.6, 10.2.7, 10.2.8) in (10.2.4) zu

$$F_e = \nu \cdot \pi \cdot z_e \cdot E \left[(D_{Fa} - D_{Bi}) - 0{,}8\ (R_{zB} + R_{zF})\right] \cdot \frac{D_{Ba}{}^2 - D_F{}^2}{2 \cdot D_{Ba}{}^2} \tag{8}$$

bzw. für einen vorgegebenen Fügefall (d.h. $\nu$, E, $D_{Fa}$, $D_{Bi}$, $R_{zB}$, $R_{zF}$, $D_{Ba}$, $D_F$ sind gegeben) zu dem linearen Zusammenhang

$$F_e = c \cdot z_e$$

Eine Gegenüberstellung von auf dieser Basis analytisch ermittelten mit experimentell erfaßten Fügekraftverläufen zeigt jedoch starke Abweichungen der Istwerte von den Sollwerten. Dies liegt prinzipiell an den stark vereinfachten Annahmen, welche als Basis für die Berechnungsgrundlagen nach /14/ dienen.
Dies führt dazu, daß die Fügekräfte mit Hilfe der vorgestellten Berechnungsmethode nicht exakt ermittelt werden können.

| Annahme: | Reale Bedingung: |
|---|---|
| $F_e = f(U, R_z, \nu, E)$ | $F_e = f(U, R_z, \nu, E, p, v, MT, FT, FV)$ |
| mit | mit |
| $G = f(R_z)$ | $G = f(R_z, p, \nu, E, FT)$ |
| $\nu = f(E, R_z)$ | $\nu = f(E, R_z, v, p)$ |
| $U$ = konstant | $U = f(MT)$ |
| $R_z$ = konstant | $R_z = f(FV)$ |

(MT: Maßtoleranzen, FT: Formtoleranzen, FV: Fertigungsverfahren)

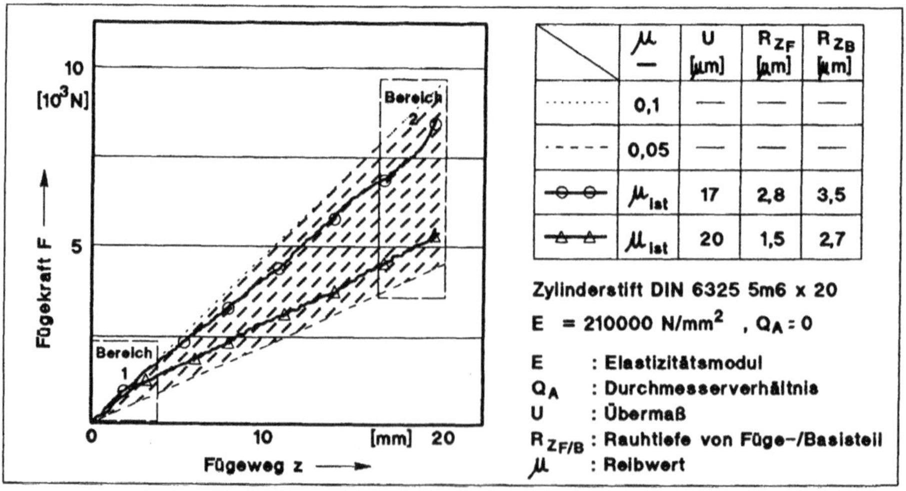


Bild 10.2: Fügekraftverlauf beim quasistatischen Einpressen

Die Abweichungen des gemessenen Fügekraftverlaufs von der Idealgeraden im ersten (Bereich 1) und letzten Fünftel (Bereich 2) der Kurve sind auf den Einfluß der in der Rechnung vernachlässigten Singularitäten (Spannungsspitzen) an den Basisteilkanten bzw. auf den Einfluß der Querdehnung bei höherem Fugendruck zurückzuführen.

## 10.3 Ermittlung von Fügeenergie und Stoßkraft beim pneumatischen Schlagantrieb

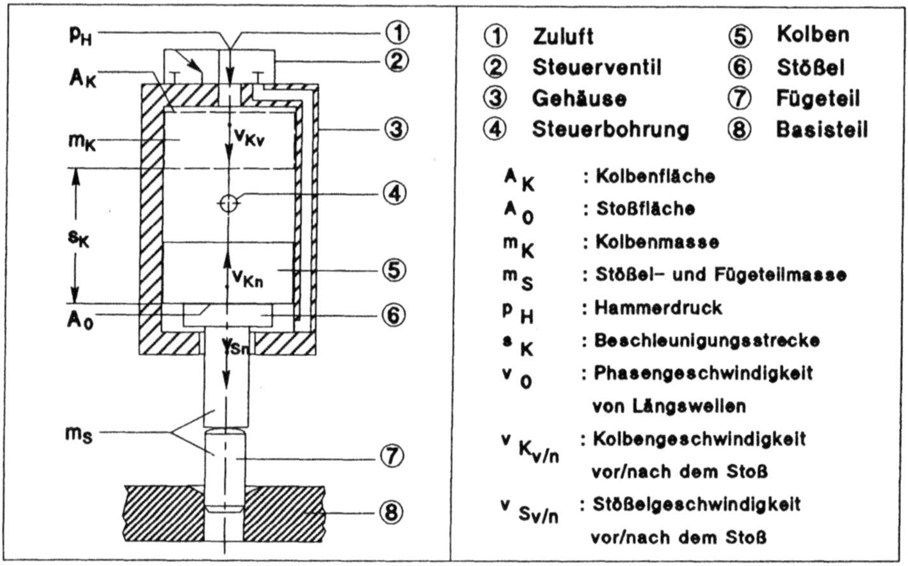


Bild 10.3: Funktionsprinzip des pneumatischen Schlagantriebs (siehe Bild 6.1)

### Ermittlung der Energie pro Schlag

Bei der Verwendung eines pneumatisch-schlagenden Antriebs wird ein Schlagkolben durch wechselseitig beaufschlagte Druckluft auf einer definierten Strecke hin und her beschleunigt und stößt auf einen Schlagstößel, an den er seine kinetische Energie abgibt. Der Schlagstößel liegt dabei auf dem Fügeteil auf und gibt an dieses seine kinetische Energie weiter, die dann für den Einpreßvorgang zur Verfügung steht.

Unter Verwendung von Energieerhaltungssatz, Impulserhaltungssatz und linearer Stoßtheorie gelten somit folgende Zusammenhänge:

Energieerhaltungssatz für die Kolbenbeschleunigung:

$$\eta_H \cdot p_H \cdot A_K \cdot s_K = \frac{1}{2} \cdot m_K \cdot v_{Kv}^2 \qquad (10.3.1)$$

bzw.

$$v_{Kv} = \sqrt{\frac{2 \cdot p_H \cdot A_K \cdot s_K}{m_K} \cdot \eta_H} \qquad (10.3.2)$$

Der Hammerwirkungsgrad $\eta_H$ berücksichtigt dabei insbesondere den Energieverlust in der Druckluftzufuhr und die Reibung des Schlagkolbens im Gehäuse.

Impulssatz und Energieerhaltungssatz für den Stoß:

$$m_K \cdot v_{Kv} + m_S \cdot v_{Sv} = m_K \cdot v_{Kn} + m_S \cdot v_{Sn} \qquad (10.3.3)$$

$$\frac{1}{2} \cdot m_K \cdot v_{Kv}^2 + \frac{1}{2} \cdot m_S \cdot v_{Sv}^2 = \frac{1}{2} \cdot m_K \cdot v_{Kn}^2 + \frac{1}{2} \cdot m_S \cdot v_{Sn}^2 \qquad (10.3.4)$$

Unter der Annahme, daß der Schlagstößel auf dem Fügeteil aufliegt und somit beide Teile als eine Masse $m_S$ betrachtet werden können und beide Teile vor jedem Stoß in Ruhe sind (d.h. $v_{Sv} = 0$), folgt aus (10.3.3):

$$v_{Sn} = \frac{m_K \cdot v_{Kv} - m_K \cdot v_{Kn}}{m_S} \qquad (10.3.5)$$

Unter Verwendung der linearen Stoßtheorie gilt für $v_{Kn}$ folgender Zusammenhang:

$$\epsilon = \frac{v_{Sn} - v_{Kn}}{v_{Kv} - v_{Sv}} \qquad (10.3.6)$$

bzw.

$$v_{Kn} = v_{Sn} - \epsilon \cdot v_{Kv} \qquad (10.3.7)$$

Mit (10.3.7) in (10.3.5) folgt damit

$$v_{Sn} = v_{Kv} \frac{m_K \cdot (1 + \epsilon)}{m_K + m_S} \qquad (10.3.8)$$

Damit ergibt sich für die Energie des Fügeteils aus (10.3.4)

$$W_i = \frac{1}{2} \cdot m_S \cdot v_{Sn}^2 \qquad (10.3.9)$$

bzw. mit (10.3.8) und (10.3.2) unter Verwendung von $M = \frac{m_S}{m_K}$

$$W_i = M \cdot \frac{(1 + \epsilon)^2}{(1 + M)^2} \cdot p_H \cdot A_K \cdot s_K \cdot \eta_H \qquad (10.3.10)$$

Ermittlung der maximalen Stoßkraft

Für die Auslegung eines Werkzeugs mit schlagendem Antrieb ist zusätzlich zur Kenntnis der pro Schlag übertragenen Energie die Kenntnis der maximalen Stoßkraft notwendig.

Bei Anwendung der linearen Stoßtheorie ergibt sich für $F_{max}$ ein unendlicher Wert (Diracscher Impuls), der allerdings stark idealisiert ist. Eine realistischere Abschätzung liefert die elastische Längs-Stoßtheorie von Fischer /59/. Danach wird die Berührstelle von Schlagkolben und Schlagstößel als Ausgangspunkt von Wellenzügen aufgefaßt, die sich in beiden Körpern mit Schallgeschwindigkeit ausbreiten; d.h. die kinetische Energie des Schlagkolbens wird in eine elastische Verformung des Schlagstößelendes umgewandelt. Diese Zone der elastischen Verformung pflanzt sich nun als Druckspannungswelle in Richtung zum fügeteilseitigen Stößelende fort. Bei Ankunft an diesem Stößelende wird die Druckspannungswelle teilweise als Zugspannungswelle reflektiert, während der Rest als Druckspannung in das Fügeteil übergeht. Diese übertragene Druckspannungswelle vollbringt nun den Eindringvorgang des Fügeteils in das Basisteil.

Die dabei maximal auftretende Fügekraft berechnet sich für Stoßpartner gleichen Werkstoffs zu

$$F_{max} = \frac{a}{1 + a} \cdot \frac{E \cdot A_Q}{v_0} \cdot v_{Kv} \qquad (10.3.11)$$

Mit (10.3.2) in (10.3.11) ergibt sich damit

$$F_{max} = \frac{a}{1 + a} \cdot \frac{E \cdot A_Q}{v_0} \cdot \sqrt{\frac{2 \cdot p_H \cdot A_K \cdot s_K}{m_K} \cdot \eta_H} \qquad (10.3.12)$$

## 10.4 Ermittlung der Federsteifigkeit des Schwingungs-isolationsmoduls

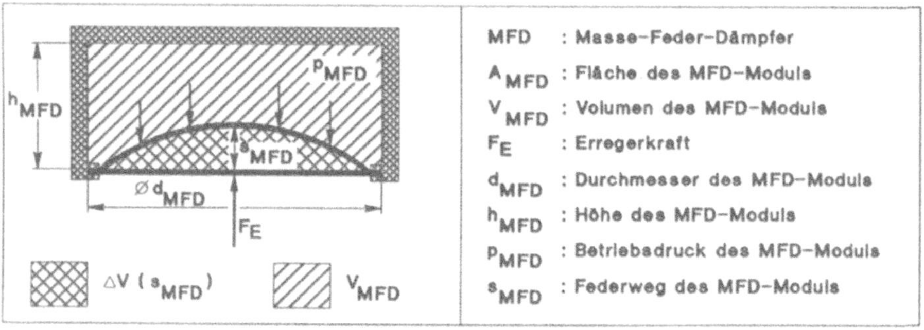


Bild 10.4: Geometrische Verhältnisse am MFD-Modul (siehe Bild 6.5)

**Ermittlung der Federsteifigkeit**

Die Federsteifigkeit des MFD-Moduls berechnet sich unter Vernachlässigung des Federanteils der Gummimembran wie folgt:

$$c_{MFD} = \frac{dF_{MFD}}{ds_{MFD}} = \frac{d(p_{MFD} \cdot A_{MFD})}{ds_{MFD}} = \frac{dp_{MFD}}{ds_{MFD}} \cdot A_{MFD} + p_{MFD} \cdot \frac{dA_{MFD}}{ds_{MFD}} \qquad (10.4.1)$$

Für kleine Verformungen der Gummimembran gilt ($A_{MFD}$ = konstant):

$$\frac{dA_{MFD}}{ds_{MFD}} = 0 \qquad (10.4.2)$$

Mit (10.4.2) in (10.4.1) folgt:

$$c_{MFD} = \frac{dp_{MFD}}{ds_{MFD}} \cdot A_{MFD} \qquad (10.4.3)$$

Unter Verwendung der Theorie der Zustandsänderung idealer Gase gilt:

$$p_{MFD} = \frac{\text{konst.}}{{V_{MFD}}^{n}} \qquad (10.4.4)$$

Unter Verwendung von

$$V_{MFD} = V_0 - \Delta V(s_{MFD}) \qquad (10.4.5)$$

folgt damit:

$$p_{MFD} = \frac{\text{konst.}}{(V_0 - \Delta V(s_{MFD}))^n} \qquad (10.4.6)$$

Damit ergibt sich für (10.4.3)

$$c_{MFD} = \frac{dp_{MFD}}{ds_{MFD}} \cdot A_{MFD} = \frac{p_{MFD} \cdot n}{(V_0 - \Delta V(s_{MFD}))} \cdot \frac{d\Delta V(s_{MFD})}{ds_{MFD}} \cdot A_{MFD} \qquad (10.4.7)$$

Setzt man noch für die Volumenänderung durch Einfedern der Gummimembran (Kugelabschnitt)

$$\Delta V = \frac{\pi}{6} \cdot \left(\frac{3}{4}\, d_{MFD}{}^2 \cdot s_{MFD} + s_{MFD}{}^3\right) \qquad (10.4.8)$$

bzw.

$$\frac{d\Delta V}{ds_{MFD}} = \frac{\pi}{6} \cdot \left( \frac{3}{4}\, d_{MFD}{}^2 + 3 \cdot s_{MFD}{}^2 \right), \qquad (10.4.9)$$

so erhält man durch Einsetzen von (10.4.9) in (10.4.6) für kleine Wege $s_{MFD}$ (d.h. $V_0 - \Delta V(s) \approx V_{MFD}$, $s^2_{MFD} \to 0$) folgenden Zusammenhang:

$$c_{MFD} = \frac{1}{2} \cdot n \cdot p_{MFD} \cdot \frac{A_{MFD}{}^2}{V_{MFD}} \qquad (12)$$

Damit läßt sich durch Veränderung von Betriebsdruck $p_{MFD}$ und/oder Arbeitsvolumen $V_{MFD}$ des MFD-Moduls die Federsteifigkeit $c_{MFD}$ nahezu beliebig verändern.

## 10.5 Ermittlung der Angularsteifigkeit des Toleranzausgleichsmoduls

Das rückstellende Moment $M^*_{TAM}$ (bzw. die maximal zulässige Angularsteifigkeit $k^*_{TAM}$) der im Toleranzausgleichsmodul zum Einsatz kommenden nachgiebigen Elemente muß kleiner sein als das resultierende Moment M, welches das Ausrichten des Fügeteils bewirkt, d.h. es muß gelten:

$$M = M_p + M_{fr} > M^*_{TAM} \qquad (10.5.1)$$

Nach (2a) und (3a) gilt:

$$M = \frac{D_F \cdot k \cdot \pi \cdot \varphi}{24} \cdot z^3 - \frac{\mu \cdot D_F{}^2 \cdot k \cdot U}{2} \cdot z \qquad (4)$$

Somit folgt mit (4) aus (10.5.1)

$$k \cdot \frac{D_F}{2} \cdot z \cdot \left(\frac{\pi \cdot \varphi}{12} \cdot z^2 - \mu \cdot D_F \cdot U\right) > M^*_{TAM} \qquad (10.5.2)$$

Unter Verwendung von (10.1.19) folgt damit aus (10.5.2)

$$\frac{E}{2} \cdot z \cdot \left(\frac{\pi \cdot \varphi}{12} \cdot z^2 - \mu \cdot D_F \cdot U\right) > M^*_{TAM} \qquad (13)$$

Das maximal zulässige Moment $M^*_{TAMmax}$ ergibt sich somit für ein gefordertes $\varphi_{Soll}$ für die maximal zulässige Fügetiefe $z_{max}$, d.h. wenn (13) und (6) erfüllt werden können; analytisch läßt sich dies durch Einsetzen von (6) in (13) ermitteln:

$$z_{max} = \left(\frac{1,6 \cdot D_F \cdot \sigma_B - U \cdot \mu \cdot E}{\mu \cdot E}\right) \cdot \frac{1}{\varphi} \qquad (6)$$

$$M^*_{TAMmax} = \frac{E}{2} \cdot \left(\frac{8 \cdot D_F \cdot \sigma_B - 5\mu \cdot U \cdot E}{5 \cdot \mu \cdot E \cdot \varphi}\right) \cdot \left[\frac{\pi \cdot \varphi}{12} \cdot \left(\frac{8 \cdot D_F \cdot \sigma_B - 5\mu \cdot U \cdot E}{5 \cdot \mu \cdot E \cdot \varphi}\right)^2 - \mu \cdot D_F \cdot U\right] \qquad (14)$$

# IPA Forschung und Praxis

Schriftenreihe aus dem Institut für Produktionstechnik und Automatisierung, Stuttgart

Herausgeber: Prof. Dr.-Ing. H. J. Warnecke

---

**Datenerfassung im Produktionsbereich**
Von E. Bendeich. ISBN 3-7830-0117-8.
1977, 176 Seiten, kartoniert. 54,— DM

**Methodenauswahl für die Materialbewirtschaftung in Maschinenbau-Betrieben**
Von H. Graf. ISBN 3-7830-0136-6.
1977, 144 Seiten, kartoniert. 54,— DM

**Systematische Auswahl von Förderhilfsmitteln für den innerbetrieblichen Materialfluß**
Von W. Rau. ISBN 3-7830-0139-0.
1977, 103 Seiten, kartoniert. 40,— DM

**Grundlagen zur Planung von Ersatzteilfertigungen**
Von E. Schulz. ISBN 3-7830-0138-2.
1977, 98 Seiten, kartoniert. 40,— DM

**Rechnerunterstützte Fabrikplanung**
Von B. Minten. ISBN 3-7830-0116-1.
1977, 124 Seiten, kartoniert. 38,— DM

**Eine Planungsmethode für automatische Montagesysteme**
Von H.-G. Löhr. ISBN 3-7830-0120-X.
1977, 108 Seiten, kartoniert. 32,— DM

**Planung und Bewertung von Arbeitssystemen in der Montage**
Von H. Metzger. ISBN 3-7830-0131-5.
1977, 108 Seiten, kartoniert. 40,— DM

**Klassifizierungssystem für Prüfmittel der industriellen Längenprüftechnik**
Von R. Czetto. ISBN 3-7830-0144-7.
1978, 181 Seiten, kartoniert. 64,— DM

**Rechnerunterstützte Montageplanung**
Von O. Hirschbach. ISBN 3-7830-0149-8.
1978, 146 Seiten, kartoniert. 52,— DM

**Rechnerunterstützte Entwicklung von Simulationsmodellen für Unternehmensplanspiele**
Von A. Moker. ISBN 3-7830-0147-1.
1978, 181 Seiten, kartoniert. 64,— DM

**Arbeitsplatzanalysen zur Ermittlung der Einsatzmöglichkeiten und Anforderungen an Industrieroboter**
Von G. Herrmann. ISBN 37830-0151-X.
1978, 113 Seiten, kartoniert. 40,— DM

**MFSP — Ein Verfahren zur Simulation komplexer Materialflußsysteme**
Von G. Stemmer. ISBN 3-7830-0118-8.
1977, 140 Seiten, kartoniert. 60,— DM

**Berührungslose Erkennung durch Positionsbestimmung von Objekten durch inkohärent-optische Korrelation**
Von M. Konig. ISBN 3-7830-0137-4.
1977, 110 Seiten, kartoniert. 40,— DM

**Auslegung von Störungspuffern in kapitalintensiven Fertigungslinien**
Von R. v. Stetten. ISBN 3-7830-0140-4.
1977, 154 Seiten, kartoniert. 56,— DM

**Flexible Transportablaufsteuerung**
Von G. Römer. ISBN 3-7830-0114-5.
1977, 188 Seiten, kartoniert. 60,— DM

**Rechnergestützte Realplanung von Fabrikanlagen**
Von T.-K. Sauter. ISBN 3-7830-0119-6.
1977, 108 Seiten, kartoniert. 32,— DM

**Systematisches Auswählen und Konzipieren von programmierbaren Handhabungsgeräten**
Von R. D. Schraft. ISBN 3-7830-0115-3.
1977, 108 Seiten, kartoniert. 32,— DM

**Auslandsproduktion**
Von W. Cypris. ISBN 3-7830-0145-5.
1978, 126 Seiten, kartoniert. 42,— DM

**Wirtschaftlicher Einsatz von Mehrkoordinatenmeßgeräten**
Von M. Dietzsch. ISBN 3-7830-0148-X.
1978, 142 Seiten, kartoniert. 52,— DM

**Fertigungssteuerung bei flexiblen Arbeitsstrukturen**
Von K.-G. Lederer. ISBN 3-7830-0146-3.
1978, 128 Seiten, kartoniert. 42,— DM

**Untersuchungen zum Polieren und Entgraten durch elektrochemisches Oberflächenabtragen**
Von K. Zerweck. ISBN 3-7830-0150-1.
1978, 110 Seiten, kartoniert. 40,— DM

**Stufenweise Ableitung eines praktischen Planungssystems für den Entwicklungsbereich**
Von R. Hichert. ISBN 3-7830-0149-8.
1978, 151 Seiten, kartoniert. 52,– DM

**Produktionsplanung mit Auftragsfamilien**
Von U. W. Geitner. ISBN 3-7830-0161-7.
1979, 110 Seiten, kartoniert. 45,– DM

**Thermisch-chemisches Entgraten**
Von T. Wagner. ISBN 3-7830-0164-1.
1979, 111 Seiten, kartoniert. 45,– DM

**Untersuchung der Materialflußkosten bei ausgewählten Systemen der Zentralen Arbeitsverteilung**
Von R. Wenzel. ISBN 3-7830-0162-5.
1979, 168 Seiten, kartoniert. 86,– DM

**Anpassung und Einführung eines Planungssystems für die Ablaufplanung im Konstruktionsbereich**
Von W. Dangelmaier. ISBN 3-7830-0163-3.
1979, 168 Seiten, kartoniert. 80,– DM

**Längenmessungen an bewegten Teilen mit berührungslos wirkenden Aufnehmern**
Von H. Lang. ISBN 3-7830-0157-9
1979, 89 Seiten, kartoniert. 42,– DM

**Untersuchung multistabiler Strömungselemente und ihr Einsatz in sequentiellen Steuerungen**
Von A. Ernst. ISBN 3-7830-0157-9.
1979, 122 Seiten, kartoniert. 48,– DM

**Taktile Sensoren für programmierbare Handhabungsgeräte**
Von M. Schweizer. ISBN 3-7830-0158-7.
1979, 91 Seiten, kartoniert. 42,– DM

**Die rechnerunterstützte Prüfplanung**
Von P. Blasing. ISBN 3-7830-0152-8.
1979, 100 Seiten, kartoniert. 44,– DM

**Verfahren zur Fabrikplanung im Mensch-Rechner-Dialog am Bildschirm**
Von W. Ernst. ISBN 3-7830-0156-0.
1979, 218 Seiten, kartoniert. 72,– DM

**Rechnerunterstütztes Verfahren zur Leistungsabstimmung von Mehrmodell-Montagesystemen**
Von M. Gorke. ISBN 3-7830-0155-2.
1979, 139 Seiten, kartoniert. 50,– DM

**Standortbezogene Betriebsmittel**
Von G. Pflieger. ISBN 3-7830-0167-6.
1979, 127 Seiten, kartoniert. 52,– DM

**Die betriebswirtschaftliche Beurteilung neuer Arbeitsformen**
Von B.-H. Zippe. ISBN 3-7830-0168-4.
1979, 350 Seiten, kartoniert. 98,– DM

**Untersuchung des Arbeitsverhaltens programmierbarer Handhabungsgeräte**
Von B. Brodbeck. ISBN 3-7830-0169-2.
1979, 117 Seiten, kartoniert. 48,– DM

**Untersuchung eines kohärent-optischen Verfahrens zur Rauheitsmessung**
Von N. Rau. ISBN 3-7830-0174-9
1979, 117 Seiten, kartoniert. 48,– DM

**Entwicklung einer programmierbaren, pneumatischen Steuerung**
Von D. Klemenz. ISBN 3-7830-0171-4
1979, 93 Seiten, kartoniert. 42,– DM

# IPA Forschung und Praxis

Berichte aus dem Fraunhofer-Institut für Produktionstechnik und Automatisierung, Stuttgart, und dem Institut für Industrielle Fertigung und Fabrikbetrieb der Universität Stuttgart

Herausgeber: Prof. Dr.-Ing. H. J. Warnecke

---

38 **Arbeitsgangterminierung mit variabel strukturierten Arbeitsplänen — Ein Beitrag zur Fertigungssteuerung flexibler Fertigungssysteme**
Von U. Maier. ISBN 3-540-10213-2.
1980, 111 Seiten mit 45 Abbildungen. 43,— DM

39 **Kapazitätsabgleich bei flexiblen Fertigungssystemen**
Von P. S. Nieß. ISBN 3-540-10372-4.
1980, 151 Seiten mit 57 Abbildungen. 48,— DM

40 **Schichtdickenverteilung auf galvanisierten Paßteilen am Beispiel kleiner abgesetzter Wellen und Bohrungen**
Von D. Wolfhard. ISBN 3-540-10373-2.
1980, 177 Seiten mit 83 Abbildungen. 48,— DM

41 **Planung von Mehrstellenarbeit unter Berücksichtigung von Umfeldaufgaben**
Von S. Haußermann. ISBN 3-540-10374-0.
1980, 136 Seiten mit 59 Abbildungen. 48,— DM

42 **Untersuchungen zur Schmierfilmdicke in Druckluftzylindern — Beurteilung der Abstreifwirkung und des Reibungsverhaltens von Pneumatikdichtungen mit Hilfe eines neu entwickelten Schmierfilmdicken-meßverfahrens**
Von R. Kohnlechner. ISBN 3-540-10375-9.
1980, 100 Seiten mit 38 Abbildungen und 4 Tabellen. 43,— DM

43 **Typologie zum überbetrieblichen Vergleich von Fertigungssteuerungsverfahren im Maschinenbau**
Von G. Rabus. ISBN 3-540-10376-7.
1980, 174 Seiten mit 88 Abbildungen und 21 Tafeln. 48,— DM

44 **System zur Planung des Umlaufbestandes in Betrieben mit Serienfertigung**
Von K.-G. Wilhelm. ISBN 3-540-10377-5.
1980, 142 Seiten mit 67 Abbildungen und 15 Tafeln. 48,— DM

45 **Rechnerunterstützte Arbeitsplanerstellung mit Kleinrechnern, dargestellt am Beispiel der Blechbearbeitung**
Von W. Hoheisel. ISBN 3-540-10505-0.
1981, 169 Seiten mit 74 Abbildungen. 48,— DM

46 **Beitrag zur Verbesserung der Wirtschaftlichkeit EDV-unterstützter Fertigungssteuerungssysteme durch Schwachstellenanalyse**
Von J. Lienert. ISBN 3-540-10506-9.
1981, 148 Seiten mit 37 Abbildungen. 48,— DM

47 **Die Abscheidung von Öl an Entlüftungsöffnungen drucklufttechnischer Anlagen**
Von W.-D. Kiessling. ISBN 3-540-10604-9.
1981, 117 Seiten mit 48 Abbildungen und 3 Tabellen. 43,— DM

48 **Dynamische Optimierung technisch-ökonomischer Systeme**
Von J. Warschat. ISBN 3-540-10717-7.
1981, 132 Seiten mit 60 Abbildungen. 43,— DM

49 **Bildsensor zur Mustererkennung und Positionsmessung bei programmierbaren Handhabungsgeräten**
Von H. Geißelmann. ISBN 3-540-10735-5.
1981, 125 Seiten mit 52 Abbildungen. 43,— DM

50 **Verfügbarkeitsberechnung für komplexe Fertigungseinrichtungen**
Von Ekkehard Gericke. ISBN 3-540-10779-7.
1981, 132 Seiten mit 71 Abbildungen. 43,— DM

51 **Materialflußgestaltung in Fertigungssystemen**
Von Willi Rößner. ISBN 3-540-10888-2.
1981, 149 Seiten mit 76 Abbildungen. 48,— DM

52 **Beitrag zur Analyse der Auswirkungen der Mikroelektronik, dargestellt am Beispiel der Büromaschinen-Industrie**
Von Werner Neubauer. ISBN 3-540-10991-9.
1981, 145 Seiten mit 27 Abbildungen und 47 Tabellen. 43,— DM

53 **Modelle von Informationssystemen zur kurzfristigen Fertigungssteuerung und ihre Gestaltung nach betriebsspezifischen Gesichtspunkten**
Von Roland Gentner. ISBN 3-540-10992-7.
1981, 181 Seiten mit 69 Abbildungen und 7 Tabellen. 48,— DM

54 **Entwicklung von Verfahren zur Terminplanung und -steuerung bei flexiblen Montagesystemen**
Von Jürgen H. Kolle. ISBN 3-540-11227-8.
1981, 132 Seiten mit 64 Abbildungen und 1 Faltplan. 43,— DM

55 **Arbeits- und Kapazitätsteilung in der Montage**
Von Stefan Dittmayer. ISBN 3-540-11228-6.
1981, 124 Seiten und 56 Abbildungen. 43,— DM

56 **Beitrag zur systematischen Planung der Qualitätsprüfung bei Klein- und Mittelserienfertigung**
Von Herbert Babic. ISBN 3-540-11325-8
1982, 108 Seiten mit 38 Abbildungen und 7 Tabellen. 53,— DM

57 **Methode zur rechnerunterstützten Einsatzplanung von programmierbaren Handhabungsgeräten**
Von Uwe Schmidt-Streier. ISBN 3-540-11355-X.
1982, 188 Seiten mit 72 Abbildungen. 53.– DM

58 **Werkstoff- und Energiekennwerte industrieller Lackieranlagen, am Beispiel der Automobilindustrie**
Von Rainer Manfred Thiel. ISBN 3-540-11356-8.
1982, 116 Seiten mit 59 Abbildungen. 53.– DM

59 **Maßnahmen zum Verbessern der pneumatischen Lackzerstäubung – Teilchengrößenbestimmung im Spritzstrahl –**
Von Klaus Werner Thomer. ISBN 3-540-11507-2.
1982, 162 Seiten mit 94 Abbildungen und 1 Tabelle. 53.– DM

60 **Ermittlung und Bewertung von Rationalisierungsmaßnahmen im Produktionsbereich**
Von Jürgen Schilde. ISBN 3-540-11730-X.
1982, 158 Seiten mit 57 Abbildungen. 53.– DM

61 **Untersuchung von Verfahren der Reihenfolgeplanung und ihre Anwendung bei Fertigungszellen**
Von Mohamed Osman. ISBN 3-540-11747-4.
1982, 124 Seiten mit 32 Abbildungen und 3 Tabellen. 53.– DM

62 **Ein Simulationsmodell zur Planung gruppentechnologischer Fertigungszellen**
Von Volker Saak. ISBN 3-540-11747-4.
1982, 134 Seiten mit 53 Abbildungen. 53.– DM

63 **Verfahren zur technischen Investitionsplanung automatisierter Fertigungsanlagen**
Von Günter Vettin. ISBN 3-540-11747-4.
1982, 134 Seiten mit 63 Abbildungen. 53.– DM

64 **Pneumatische Sensoren zur prozeßsimultanen Messung des Werkzeugverschleißes und zur Kollisionsvermeidung beim Messerkopffräsen**
Von Wolfgang Jentner. ISBN 3-540-11747-4.
1982, 126 Seiten mit 47 Abbildungen und 6 Tabellen. 53.– DM

65 **Rechnerunterstützte Gestaltung ortsgebundener Montagearbeitsplätze, dargestellt am Beispiel kleinvolumiger Produkte**
Von Eberhard Haller. ISBN 3-540-12015-7.
1982, 130 Seiten mit 43 Abbildungen. 53.– DM

66 **Fernsehüberwachung von Schutzgasschweißvorgängen mit abschmelzender Elektrode MIG – MAG**
Von Ruprecht Niepold. ISBN 3-540-12181-7.
1983, 178 Seiten mit 73 Abbildungen und 5 Tabellen. 58.– DM

67 **Entwicklung flexibler Ordnungssysteme für die Automatisierung der Werkstückhandhabung in der Klein- und Mittelserienfertigung**
Von Karl Weiss. ISBN 3-540-12455-1.
1983, 116 Seiten mit 68 Abbildungen. 58.– DM

68 **Automatisierte Überwachungsverfahren für Fertigungseinrichtungen mit speicherprogrammierten Steuerungen**
Von Werner Eißler. ISBN 3-540-12456-X.
1983, 128 Seiten mit 66 Abbildungen. 58.– DM

69 **Prozeßüberwachung beim Galvanoformen**
Von Jürgen Wilhelm Böcker. ISBN 3-540-12457-8.
1983, 118 Seiten mit 32 Abbildungen. 58.– DM

70 **LAPEX – Ein rechnerunterstütztes Verfahren zur Betriebsmittelzuordnung**
Von Stephan Mayer. ISBN 3-540-12490-X.
1983, 162 Seiten mit 34 Abbildungen und 2 Tabellen. 58.– DM

71 **Gestaltung eines integrierten Produktionssystems für die Sortenfertigung unter Einsatz der Clusteranalyse**
Von Gerald Weber. ISBN 3-540-12650-3.
1983, 194 Seiten mit 54 Abbildungen. 58.– DM

72 **Gußputzen mit sensorgeführten, programmierbaren Handhabungsgeräten**
Von Eberhard Abele. ISBN 3-540-12651-1.
1983, 133 Seiten mit 66 Abbildungen. 58,– DM

73 **Untersuchungen zur Herstellung und zum Einsatz galvanogeformter Erodierelektroden**
Von Harald Müller. ISBN 3-540-12822-0.
1983, 148 Seiten mit 78 Abbildungen. 58,– DM

74 **Ein Beitrag zur Optimierung der Prozeßführungsstrategien automatisierter Förder- und Materialflußsysteme**
Von Hans Steffens. ISBN 3-540-12968-5.
1983, 161 Seiten mit 60 Abbildungen. 58,– DM

75 **Entwicklung eines Verfahrens zur wertmäßigen Bestimmung der Produktivität und Wirtschaftlichkeit von Personalentwicklungsmaßnahmen in Arbeitsstrukturen**
Von Christian Müller. ISBN 3-540-13041-1.
1983, 129 Seiten mit 34 Abbildungen. 58,– DM

76 **Berechnung der Gestaltänderung von Profilen infolge Strahlverschleiß**
Von Wolfgang Marx. ISBN 3-540-13054-3.
1983, 121 Seiten mit 58 Abbildungen. 58,– DM

77 **Algorithmen zur flexiblen Gestaltung der kurzfristigen Fertigungssteuerung**
Von Rudolf E. Scheiber. ISBN 3-540-13500-6.
1984, 150 Seiten mit 73 Abbildungen und 1 Tabelle. 63.– DM

78 **Galvanisieren mit moduliertem Strom**
Von Jürgen Wolfgang Mann. ISBN 3-540-13733-5.
1984, 145 Seiten und 58 Abbildungen. 63,– DM

79 **Fluoreszenzmeßverfahren zur Schmierfilmdickenmessung in Wälzlagern**
Von Wolfgang Schmutz. ISBN 3-540-13777-7.
1984, 141 Seiten und 66 Abbildungen. 63,– DM

# IPA-IAO Forschung und Praxis

Berichte aus dem Fraunhofer-Institut für Produktionstechnik und Automatisierung (IPA), Stuttgart, Fraunhofer-Institut für Arbeitswirtschaft und Organisation (IAO), Stuttgart, und Institut für Industrielle Fertigung und Fabrikbetrieb der Universität Stuttgart

Herausgeber: Prof. Dr.-Ing. H. J. Warnecke und Prof. Dr.-Ing. H.-J. Bullinger

---

80 **Flexibilität und Kapazität von Werkstückspeichersystemen**
Von Bernhard Graf. ISBN 3-540-13970-2.
1984, 115 Seiten mit 71 Abbildungen. 63,– DM

T1 **Flexible Fertigungssysteme**
17. IPA-Arbeitstagung zusammen mit der 3. Internationalen Konferenz „Flexible Manufacturing Systems (FMS-3)", ISBN 3-540-13807-2.
1984, 249 Seiten mit zahlreichen Abbildungen. 118,– DM

T2 **Integrierte Bürosysteme**
3. IAO-Arbeitstagung. ISBN 3-540-13978-8.
1984, 633 Seiten mit zahlreichen Abbildungen. 168,– DM

81 **Rechnerunterstützte Planung von Montageablaufstrukturen für Erzeugnisse der Serienfertigung**
Von Ernst-Dieter Ammer. ISBN 3-540-15056-0.
1985, 120 Seiten mit 1 Faltblatt und 33 Abbildungen. 63,– DM

82 **Flexibilität von personalintensiven Montagesystemen bei Serienfertigung**
Von Heinrich Vähning. ISBN 3-540-15093-5.
1985, 152 Seiten mit 49 Abbildungen. 63,– DM

83 **Ordnen von Werkstücken mit programmierbaren Handhabungsgeräten und Werkstückerkennungssensoren**
Von Ingo Schmidt. ISBN 3-540-15375-6.
1985, 111 Seiten mit 66 Abbildungen. 63,– DM

84 **Systematische Investitionsplanung**
Von Jorge Moser. ISBN 3-540-15370-5.
1985, 190 Seiten mit 69 Abbildungen. 63,– DM

T3 **Montage · Handhabung · Industrieroboter**
Internationaler MHI-Kongreß im Rahmen der Hannover-Messe '85. ISBN 3-540-15500-7.
1985, 267 Seiten mit zahlreichen Abbildungen. 128,– DM

85 **Flexible Montagesysteme – Konzeption und Feinplanung durch Kombination von Elementen**
Von Peter Konold / Bernd Weller. ISBN 3-540-15606-2.
1985, 162 Seiten mit 71 Abbildungen und 9 Tabellen. 63,– DM

T4 **Menschen · Arbeit · Neue Technologien**
4. IAO-Arbeitstagung zusammen mit der 2. Internationalen Konferenz „Human Factors in Manufacturing". ISBN 3-540-15763-8.
1985, 442 Seiten mit zahlreichen Abbildungen. 168,– DM

86 **Leitstandunterstützte kurzfristige Fertigungssteuerung bei Einzel- und Kleinserienfertigung**
Von Lothar Aldinger. ISBN 3-540-15903-7.
1985, 151 Seiten mit 49 Abbildungen und 2 Tabellen. 63,– DM

87 **Bestimmen des Bürstenverhaltens anhand einer Einzelborste**
Von Klaus Przyklenk. ISBN 3-540-15956-8.
1985, 117 Seiten mit 74 Abbildungen. 63,– DM

88 **Montage großvolumiger Produkte mit Industrierobotern**
Von Jörg Walther. ISBN 3-540-16027-2.
1985, 125 Seiten mit 58 Abbildungen. 63,– DM

89 **Algorithmen und Verfahren zur Erstellung innerbetrieblicher Anordnungspläne**
Von Wilhelm Dangelmaier. ISBN 3-540-16144-9.
1986, 268 Seiten mit 79 Abbildungen. 68,– DM

90 **Bewertung der Instandhaltung von Fertigungssystemen in der technischen Investitionsplanung**
Von Hagen U. Uetz. ISBN 3-540-16166-X.
1986, 129 Seiten mit 38 Abbildungen. 68,– DM

91 **Entgraten durch Hochdruckwasserstrahlen**
Von Manfred Schlatter. ISBN 3-540-16172-4.
1986, 167 Seiten mit 89 Abbildungen und 18 Tabellen. 68,– DM

92 **Werkstückorientierte Verfahrensauswahl zum Gußputzen mit Industrierobotern**
Von Wolfgang Sturz. ISBN 3-540-16224-0.
1986, 156 Seiten mit 59 Abbildungen. 68,– DM

93 **Verfahren zur Verringerung von Modell-Mix-Verlusten in Fließmontagen**
Von Reinhard Koether. ISBN 3-540-16499-5.
1986, 175 Seiten mit 46 Abbildungen und 1 Tabelle. 68,– DM

94 **Entwicklung und Einsatz eines interaktiven Verfahrens zur Leistungsabstimmung von Montagesystemen**
Von Günter Schad. ISBN 3-540-16978-4.
1986, 120 Seiten mit 31 Abbildungen und 1 Tabelle. 68,– DM

95 **Qualifizierung an Industrierobotern**
Von Wolfgang Bachl. ISBN 3-540-17018-9.
1986, 218 Seiten mit 30 Abbildungen. 68,– DM

96 **Rechnersimulation des Beschichtungsprozesses beim Elektrotauchlackieren – Anwendung zum Berechnen des Umgriffs**
Von Otto Baumgärtner. ISBN 3-540-17102-9.
1986, 113 Seiten mit 42 Abbildungen. 68,– DM

97 **Ergonomische Gestaltung von Rotationsstellteilen für grob- und sensomotorische Tätigkeiten**
Von Werner F. Muntzinger. ISBN 3-540-17247-5.
1986, 135 Seiten mit 51 Abbildungen und 33 Tabellen. 68,– DM

98 **Die optische Rauheitsmessung in der Qualitätstechnik**
Von R.-J. Ahlers. ISBN 3-540-17242-4.
1986, 133 Seiten mit 56 Abbildungen und 2 Tabellen. 68,– DM

99 **Maschinelle Spracherkennung zur Verbesserung der Mensch-Maschine-Schnittstelle**
Von Gerhard Rigoll. ISBN 3-540-17350-1.
1986, 134 Seiten mit 55 Abbildungen. 68,– DM

100 **Konzeption und Auswahl modularer Magazinpaletten**
Von Thomas Zipse. ISBN 3-540-17584-9.
1987, 126 Seiten mit 54 Abbildungen. 68,– DM

101 **Anschlüsse an Kupferrohre – Herstellung und Automatisierungsmöglichkeit**
Von Eberhard Rauschnabel. ISBN 3-540-17807-4.
1987, 120 Seiten mit 88 Abbildungen. 68,– DM

102 **Mengen- und ablauforientierte Kapazitätsplanung von Montagesystemen**
Von Hans Sauer. ISBN 3-540-17815-5.
1987, 156 Seiten mit 64 Abbildungen. 68,– DM

103 **Verfahrensinstrumentarium zur Werkstückauswahl und Auslegung von Industrieroboterschweißsystemen**
Von Herbert Gzik. ISBN 3-540-17928-3.
1987, 138 Seiten mit 56 Abbildungen. 68,– DM

104 **Integration von Förder- und Handhabungseinrichtungen**
Von Joachim Schuler. ISBN 3-540-17955-0.
1987, 153 Seiten mit 61 Abbildungen. 68,– DM

105 **Produktionsmengen- und -terminplanung bei mehrstufiger Linienfertigung**
Von H. Kühnle. ISBN 3-540-18038-9.
1987, 124 Seiten mit 25 Abbildungen. 68,– DM

106 **Untersuchung des Plasmaschneidens zum Gußputzen mit Industrierobotern**
Von Jong-Oh Park. ISBN 3-540-18037-0.
1987, 142 Seiten mit 70 Abbildungen. 68,– DM

107 **Fügen von biegeschlaffen Steckkontakten mit Industrierobotern**
Von Daegab Gweon. ISBN 3-540-18134-2.
1987, 115 Seiten mit 13 Abbildungen. 68,– DM

108 **Entwicklung eines biomechanischen Modells des Hand-Arm-Systems**
Von Georgios Tsotsis. ISBN 3-540-18135-0.
1987, 163 Seiten mit 45 Abbildungen. 68,– DM

109 **Ein Beitrag zur Planungssystematik für die automatisierte flexible Blechteilefertigung**
Von Thomas Weber. ISBN 3-540-18136-9.
1987, 149 Seiten mit 56 Abbildungen. 68,– DM

110 **Entwicklung eines Meßverfahrens zur Bestimmung des Positionier- und Orientierungsverhaltens von Industrierobotern**
Von Günter Schiele. ISBN 3-540-18137-7.
1987, 116 Seiten mit 48 Abbildungen. 68,– DM

111 **Schwingungsbelastung beim Arbeiten mit handgeführten, einachsigen Motormähgeräten**
Von Peter Kern. ISBN 3-540-18193-8.
1987, 145 Seiten mit 43 Abbildungen und 5 Tabellen. 68,– DM

112 **Entwicklung eines berührungslosen Tastsystems für den Einsatz an Koordinatenmeßgeräten**
Von Hie-Sik Kim. ISBN 3-540-18578-X.
1987, 111 Seiten mit 62 Abbildungen und 4 Tabellen. 68,– DM

113 **Qualifizierung an Industrierobotern – Ziele, Inhalte und Methoden**
Von Volker Korndörfer. ISBN 3-540-18618-2.
1987, 318 Seiten mit 100 Abbildungen. 68,– DM

114 **Funktional und räumlich variables und modulares Laborgerätesystem**
Von Alfred Mack. ISBN 3-540-18786-3.
1988, 116 Seiten mit 39 Abbildungen. 73,– DM

115 **Produktrecycling im Maschinenbau**
Von Rolf Steinhilper. ISBN 3-540-18849-5.
1988, 167 Seiten mit 50 Abbildungen. 73,– DM

116 **Integration der montagegerechten Produktgestaltung in den Konstruktionsprozeß**
Von Rudolf Bäßler. ISBN 3-540-19058-9.
1988, 133 Seiten mit 49 Abbildungen. 73,– DM

117 **Ein Algorithmus zur kapazitätsorientierten Bildung von Losen**
Von Tilmann Greiner. ISBN 3-540-19300-6.
1988, 135 Seiten mit 37 Abbildungen. 73,– DM

118 **Kabelbaummontage mit Industrierobotern**
Von Gerd Schlaich. ISBN 3-540-19301-4.
1988, 131 Seiten mit 62 Abbildungen. 73,– DM

119 **Beitrag zur Verbesserung der Fertigungskostentransparenz bei Großserienfertigung mit Produktvielfalt**
Von Albrecht Köhler. ISBN 3-540-19393-6.
1988, 148 Seiten mit 72 Abbildungen. 73,– DM

120 **Entwicklungs- und Planungshilfen zum Aufbau von flexiblen Ordnungssystemen**
Von Rainer Schanz. ISBN 3-540-19394-4.
1988, 104 Seiten mit 48 Abbildungen. 73,– DM

121 **Bestücken von Leiterplatten mit Industrierobotern**
Von Ernst Wolf. ISBN 3-540-50013-8.
1988, 132 Seiten mit 63 Abbildungen. 73,– DM

122 **Verschleißvorgänge beim Querschneiden dünner Bahnen**
Von Thomas Hülsmann. ISBN 3-540-50049-9.
1988, 126 Seiten mit 47 Abbildungen und 5 Tabellen. 73,– DM

123 **Geometrieprüfung in der Fertigungsmeßtechnik mit bildverarbeitenden Systemen**
Von Claus P. Keferstein. ISBN 3-540-50050-2.
1988, 128 Seiten mit 53 Abbildungen. 73,– DM

124 **Modulares Simulationsmodell für die Abläufe in verketteten Fertigungszellen mit Industrierobotern**
Von Kum-Hoan Kuk. ISBN 3-540-50069-3.
1988, 130 Seiten mit 57 Abbildungen. 73,– DM

125 **Montage von Schläuchen mit Industrierobotern**
Von Bruno Frankenhauser. ISBN 3-540-50072-3.
1988, 139 Seiten mit 63 Abbildungen. 73,– DM

126 **Kommissioniersystem mit Roboter und Mehrstückgreifer**
Von Klaus Baumeister. ISBN 3-540-50133-9.
1988, 104 Seiten mit 53 Abbildungen. 73,– DM

127 **Sensorunterstütztes Programmierverfahren für das Entgraten mit Industrierobotern**
Von Dieter Boley. ISBN 3-540-50175-4.
1988, 128 Seiten mit 67 Abbildungen. 73,– DM

128 **Die Arbeitsraumgestaltung manueller Montagearbeitsplätze mit graphischen und wissensbasierten Methoden**
Von Klaus Lay. ISBN 3-540-50259-9.
1988, 129 Seiten mit 50 Abbildungen und 7 Tabellen. 73,– DM

129 **Automatisierung des Biegerichtens**
Von Stefan Thiel. ISBN 3-540-50432-X.
1988, 142 Seiten mit 57 Abbildungen und 5 Tabellen. 73,– DM

130 **Rechnergestützte Verfahren zur Auslegung der Mechanik von Industrierobotern**
Von Martin-Christoph Wanner. ISBN 3-540-50640-3.
1989, 202 Seiten mit 80 Abbildungen. 73,– DM

131 **Entwicklung eines bestandsorientierten Fertigungssteuerungssystems für die Großserienfertigung am Beispiel des Automobilbaus**
Von G. Hachtel. ISBN 3-540-50639-X.
1989, 163 Seiten mit 34 Abbildungen und 6 Tabellen. 73,– DM

132 **Ergonomische Gestaltung der Benutzerschnittstelle am Antriebssystem des Greifreifenrollstuhls**
Von Ludwig Traut. ISBN 3-540-50877-5.
1989, 210 Seiten mit 127 Abbildungen. 73,– DM

133 **Planung taktzeitoptimierter flexibler Montagestationen**
Von Joachim Schöninger. ISBN 3-540-50896-1.
1989, 122 Seiten mit 47 Abbildungen. 73,– DM

134 **Ein Modell für ein integriertes Qualitäts- und Prüfplanungssystem in der Montage**
Von Josef R. Kring. ISBN 3-540-51195-4.
1989, 140 Seiten mit 60 Abbildungen. 73,– DM

135 **Fertigungsstrukturierung auf der Basis von Teilefamilien**
Von Manfred Auch. ISBN 3-540-51290-X.
1989, 138 Seiten mit 34 Abbildungen. 73,– DM

136 **Kollisionsbehandlung als Grundbaustein eines modularen Industrieroboter-Off-line-Programmiersystems**
Von Andreas Altenhein. ISBN 3-540-51418-X.
1989, 129 Seiten mit 53 Abbildungen. 73,– DM

137 **Ein Beitrag zur Planung und Bewertung Neuer Arbeitsstrukturen in NE-Metallgießereien Dargestellt am Beispiel der Fertigungsinsel**
Von Horst Nespeta. ISBN 3-540-51419-8.
1989, 157 Seiten mit 58 Abbildungen. 73,– DM

138 **Verfahren zur Prüfung der Partikelkontamination in Versorgungssystemen für hochreine Flüssigkeiten**
Von Rolf Herz. ISBN 3-540-51457-0.
1989, 123 Seiten mit 61 Abbildungen. 73,– DM

139 **Messung gekrümmter Flächen mit berührungslosen Verfahren**
Von Leo Schreiber. ISBN 3-540-51493-7.
1989, 119 Seiten mit 72 Abbildungen. 73,– DM

140 **Automatisiertes Lackieren mit steuerbaren Spritzpistolen**
Von Konrad A. Ortlieb. ISBN 3-540-51518-6.
1989, 121 Seiten mit 45 Abbildungen. 73,– DM

141 **Grundlagen zur Entwicklung reinraumtauglicher Handhabungssysteme**
Von Jürgen Geißinger. ISBN 3-540-51959-9.
1989, 124 Seiten mit 82 Abbildungen. 73,– DM

142 **CAD-Video-Somatographie**
**Entwicklung und Bewertung einer Methode zur anthropometrischen Arbeitsgestaltung**
Von Dieter Lorenz. ISBN 3-540-52163-1.
1989, 169 Seiten mit 61 Abbildungen. 73,– DM

143 **Eine Systemarchitektur für die Gestaltung und das Management verteilter Informationssysteme**
Von Andreas J. Ness. ISBN 3-540-52224-7.
1990, 203 Seiten mit 62 Abbildungen. 78,– DM

144 **Untersuchungen über den optisch-physiologischen Eindruck der Oberflächenstruktur von Lackfilmen**
Von Horst Schene. ISBN 3-540-52226-3.
1990, 149 Seiten mit 106 Abbildungen. 78,– DM

145 **Planungsmethodik für ein Qualitätskostensystem**
Von Alfred Rauba. ISBN 3-540-52477-0.
1990, 166 Seiten mit 73 Abbildungen. 78,– DM

146 **Kleinserienbestückung von Leiterplatten mit bedrahteten Bauelementen durch Industrieroboter**
Von Martin Domm. ISBN 3-540-52867-9.
1990, 106 Seiten mit 48 Abbildungen. 78,– DM

147 **Sensor- und Steuerungssystem für die leitlinienlose Führung automatischer Flurförderzeuge**
Von Gerhard Drunk. ISBN 3-540-53033-9.
1990, 135 Seiten mit 52 Abbildungen. 78,– DM

148 **Ein System zur wissensbasierten Diagnose an CNC-Werkzeugmaschinen durch den Maschinenbediener**
Von Klaus-Peter Fähnrich. ISBN 3-540-53034-7.
1990, 132 Seiten mit 48 Abbildungen und 18 Tabellen. 78,– DM

149 **Werkstückbegleitender Informationsspeicher als Basis für ein informationstechnisches Konzept für Halbleiterfertigungen**
Von Klaus-Dieter Sauter. ISBN 3-540-53236-6.
1990, 115 Seiten mit 55 Abbildungen. 78,– DM

150 **Ein Planungsverfahren zur Erkennung und Bewältigung von Material- und Kapazitätsengpässen bei mehrstufiger Linienfertigung**
Von Ralf-Michael Fuchs. ISBN 3-540-53271-4.
1990, 176 Seiten mit 65 Abbildungen. 78,– DM

151 **Montage von Schrauben mit Industrierobotern**
Von Gernot E. Fischer. ISBN 3-540-53519-5.
1990, 97 Seiten mit 37 Abbildungen. 78,– DM

152 **Flächenorientierte Termin- und Kapazitätsplanung bei innerbetrieblicher Baustellenfertigung**
Von Rolf Schlauch. ISBN 3-540-53584-5.
1990, 130 Seiten mit 53 Abbildungen. 78,– DM

153 **Wissensbasierte Entscheidungsunterstützung bei der Auswahl von Industrierobotern**
Von Günter Jordan. ISBN 3-540-53744-9.
1991, 116 Seiten mit 49 Abbildungen. 78,– DM

154 **Simulationssystem für Fertigungsprozesse mit Stückgutcharakter**
**Ein gegenstandsorientiertes System mit parametrisierter Netzwerkmodellierung**
Von Bernd-Dietmar Becker. ISBN 3-540-53847-X.
1991, 162 Seiten mit 48 Abbildungen und 47 Tabellen. 78,– DM

155 **Algorithmen der Sprachverarbeitung zur Entwicklung eines vollsynthetischen Sprachausgabesystems**
Von Gerhard Rigoll. ISBN 3-540-53870-4.
1991, 321 Seiten mit 235 Abbildungen. 78,– DM

156 **Wissensbasierte CAD-Systemkomponente zum Entwurf montagegerechter Produkte**
Von Ralph Richter. ISBN 3-540-54725-8.
1991, 137 Seiten mit 56 Abbildungen. 78,– DM

157 **Heftschweißverfahren für das Lagefixieren von Werkstücken beim Schutzgasschweißen mit Industrierobotern**
Von Carsten Martin Claussen. ISBN 3-540-54951-X.
1991, 140 Seiten mit 43 Abbildungen. 78,– DM

158 **Ein Beitrag zur Meßdatenverarbeitung in der Koordinatenmeßtechnik**
Von Thomas Garbrecht. ISBN 3-540-55030-5.
1991, 135 Seiten mit 94 Abbildungen und 5 Tabellen. 78,– DM

159 **Ein Beitrag zur Planung und Optimierung der Verfahrensteilung in der Fertigung**
Von Hans-Peter Roth. ISBN 3-540-55113-1.
1992, 130 Seiten mit 50 Abbildungen. 78,– DM

160 **Flexible Montage von Leitungssätzen mit Industrierobotern**
Von Herbert H. Emmerich ISBN 3-540-55227-8.
1992, 135 Seiten mit 70 Abbildungen. 88,– DM

161 **Toleranzausgleichssysteme für Industrieroboter am Beispiel des feinwerktechnischen Bolzen-Loch-Problems**
Von Uwe Schweigert ISBN 3-540-55228-6.
1992, 119 Seiten mit 61 Abbildungen. 88,– DM

162 **Entwicklung eines interaktiven Simulators auf der Basis von Petri-Netzen zur Modellierung und Bewertung hybrider Montagestrukturen**
Von W. Schweizer ISBN 3-540-55229-4.
1992, 159 Seiten mit 76 Abbildungen. 88,– DM

163 **Entwicklung eines Verfahrens zur rechnerunterstützten Gestaltung verteilter Informationssysteme**
Von Friedemann Reim ISBN 3-540-55269-3.
1992, 151 Seiten mit 43 Abbildungen. 88,– DM

164 **EDV-gestützte Planungs- und Entscheidungshilfen zur Auslegung von Produktionsstrukturen mit strukturkostenoptimierten Dezentralen Verantwortungsbereichen**
Von Ulrich Hallwachs ISBN 3-540-55477-7.
1992, 186 Seiten mit 66 Abbildungen. 88,– DM

165 **Strömungstechnische Auslegung reinraumtauglicher Fertigungseinrichtungen**
Von Elmar Degenhart ISBN 3-540-55478-5.
1992, 137 Seiten mit 72 Abbildungen. 88,– DM

166 **Synthese und Simulation dreidimensionaler Hand-Arm-Bewegungen an manuellen Montagearbeitsplätzen**
Von Raimund Menges ISBN 3-540-55752-0.
1992, 215 Seiten mit 70 Abbildungen. 88,– DM

167 **Bewertung inhomogener fraktaler Strukturen und Skalenanalyse von Texturen**
Von Uwe Müssigmann ISBN 3-540-55796-2.
1992, 99 Seiten mit 43 Abbildungen. 88,– DM

168 **Ein Informationssystem für Instandhaltungsleitstellen**
Von Wilfried Sihn ISBN 3-540-55853-5.
1992, 167 Seiten mit 67 Abbildungen. 88,– DM

169 **Verfahren zum automatischen Palettieren von quaderförmigen Packstücken im beliebigen Sortenmix**
Von Walter Michael Strommer ISBN 3-540-55922-1.
1992, 105 Seiten mit 47 Abbildungen. 88,– DM

170 **Planung der Kinematik von Industrierobotersystemen zum Schutzgasschweißen im Schiffbau**
Von Wolfgang Utner ISBN 3-540-55923-X.
1992, 134 Seiten mit 31 Abbildungen und 3 Tabellen. 88,– DM

171 **Montage von Pressverbindungen mit Industrierobotern**
Von Günther Würtz ISBN 3-540-56300-8.
1992, 124 Seiten mit 55 Abbildungen. 88,– DM

GPSR Compliance

*The European Union's (EU) General Product Safety Regulation (GPSR) is a set of rules that requires consumer products to be safe and our obligations to ensure this.*

*If you have any concerns about our products, you can contact us on ProductSafety@springernature.com*

In case Publisher is established outside the EU, the EU authorized representative is:

Springer Nature Customer Service Center GmbH
Europaplatz 3
69115 Heidelberg, Germany

**Batch number: 10844639**

Printed by Printforce, the Netherlands